벌레만도 못하다고?

곤충을 통해 본 사람 세상
벌레만도 못하다고?

초판 1쇄 2009년 9월 15일 | **지은이** 조영권 | **펴낸이** 신경미 | **엮은이** 〈자연과생태〉 | **꾸민이** 홍성희
다듬은이 권명희 | **도운이** 손상봉, 김종기, 이승일, 강의영
펴낸곳 도서출판 필통·서울 중구 을지로3가 286-2 3F 전화 02-2285-5852 팩스 02-2275-1882
등록 제301-2009-162호
엮은곳 자연과생태·서울 마포구 구수동 68-8 진영빌딩 4F 전화 02-701-7345~6 팩스 02-701-7347
홈페이지 www.econature.co.kr 등록 제313-2007-217호

ⓒ조영권 2009
* 이 책의 저작권은 저자에게 있으며, 저작권자의 허가 없이 복제, 복사, 인용, 전제하는 행위는 법으로 금지되어 있습니다.
* 이 책은 월간 〈자연과생태〉가 기획·진행하고 도서출판 필통이 발행·판매하는 공동 출판물입니다.
* 값은 뒤표지에 있습니다. 잘못된 책은 구입하신 곳에서 바꿔드립니다.

ISBN 978-89-963117-0-6 03490

곤충을 통해 본 사람 세상

벌레만도
못하다고 ?

글·사진 조영권

자연과 생태

Contents

6-9 프롤로그

시선 / 곤충을 통해 세상 보기

12-23 선하게 바라보기
천사와 곤충의 닮은 점
24-33 탈바꿈하며 자라는 곤충
거듭나지 않으면 죽는다
34-43 또 하나의 언어, 표정
곤충에게는 없지만 우리에게 있는 것
44-51 얽히고설킨 대립과 공생
더불어 사는 아름다움
52-65 곤충의 처세술
살아남는 자가 곧 이기는 자?
66-75 새로 쓰는 경제 용어
효율 100퍼센트, 곤충의 경제적 생활
76-85 남과 여, 진정한 강자는 어느 쪽일까?
종족 번식을 위한 암수의 각기 다른 계산법
86-95 사람이 만물의 영장이 된 이유?
사람과 곤충, 짝짓기의 차이점
96-105 '사회'라는 수레바퀴를 돌리는 힘
지구를 가꾸는 작은 영웅들

그대로 보기 / 그들이 사는 법

108-119 지키려는 의지가 허물려는 의지보다 강하다
모든 암컷은 여왕개미를 꿈꾼다
120-131 소극적인 성격은 더욱 소극적으로 진화한다
뒷걸음치는 명주잠자리 애벌레
132-141 눈앞의 한 걸음보다 인생의 긴 걸음을 생각하라
판단보다 행동이 앞서는 길앞잡이
142-151 기대가 이어주는 삶의 연속성이 아름답다
남가뢰의 확률 낮은 생존게임

152-161 흉내 내며 살지만 비굴하진 않다
등에, 벌처럼 보여야 살아남는다
162-169 "힘을 내요. 상처는 치유하면 되잖아요"
작은 것을 내어주고 목숨을 지키는 부전나비
170-179 조바심 내나 맘 편히 먹나 결과는 같아!
거위벌레와 바구미의 안달과 배짱
180-187 떼어 버릴 수 없으면 익숙해지기
바퀴 퇴치법
188-199 삶과 죽음이 공존하는 가을 연못
가을 하늘의 주인공 잠자리

뒤집어 보기 / 그들에 대한 오해

202-213 오랜 기다림, 짧은 행복?
매미의 진정한 황금기
214-221 꿈꾸는 동안이 진정한 삶이다
하루살이의 꿈
222-231 포식자의 위상 뒤에 가려진 진실
사마귀가 최고의 사냥꾼이 된 이유
232-243 작지만 용감한 '애벌레몬'들
애벌레의 자기 보호법
244-255 받기만 하는 사랑은 없다
말벌의 새끼 기르기
256-265 모시나비가 순결하다고?
곤충의 강요된 사랑
266-275 혼돈 속에서 가려낼 진실
인공 불빛에 길을 잃은 나방
276-285 존재의 가치, 개체의 저력
물여우나비 날도래
286-297 보이는 것이 다가 아니다
겨울에도 벌레가 있어요?

298-301 에필로그

프롤로그

미안하다
이제야
네 말귀를
알아먹겠다

"모르겠다."

 내 나이 사십을 넘어서며 얼마 전부터 입에 붙은 말이다. 나이를 먹어 갈수록 세상에 눈이 트이고 마음은 평정을 찾으리라 생각했지만 인생도 사랑도 사회의 원리도 더 알 수 없게 되었다. 가만히 앉아서도 나는 퇴보하고 있는 듯하다.

생물을 좋아하는 사람들은 호기심이 가득하다. 그들에게는 호기심이 삶의 동력이고 호기심을 해결하는 것이 살아가는 기쁨이다. 생물은 영원히 풀지 못할 숙제처럼 궁금증투성이고 그중에서도 단연 으뜸인 곤충은 호기심 많은 사람을 매료시키기에 더할 나위 없는 대상이다. 나의 곤충 관찰 역시 호기심 하나하나를 풀어가는 과정이었다. 궁금했던 것이 풀리면 감격하고 그 과정의 진득함과 집요함에 스스로가 대견해지기도 했다.

노학자인 신유항 박사경희대 명예교수, 월간 〈자연과생태〉 편집위원는 언젠가 내게 "생물을 연구하는 사람은 시계 수리공 같아요."라고 했다. 작은 작업실에 파묻혀 정밀한 시계 부품들에 몰두하며 평생을 살아가는 시계 장인들처럼 생물을 연구하는 사람들도 세상 돌아가는 일에는 영 관심 없고 제 호기심만 채우며 사는, 이기적이고 소심한 면이 많다는 얘기였다.

그렇다. 나이를 먹으면서도 인생과 사회의 원리에 내내 혼돈을 겪어 온 원인이 딱 그것인 것만 같다. 돌아보면 곤충의 생태를 통해 세상을 보고 다시 그를 통해 나를 반추해 온 삶이었다. 곤충의 이름 하나하나를 알아내고 생활사의 단편을 발견하며 그

것으로 만족했던 습관에서 출발해 복잡한 세상과 해답 없는 삶을 사색하기 시작했다. '호기심 많으며 아성에 갇혀 지냈던' 내가 사회로부터 한 발 떨어져 초연한 삶을 살아오면서도 나잇값 못 하듯 적잖은 불화를 겪어온 것은 당연한 일이었는지 모른다.

20년이 넘는 곤충과의 만남. 이제 지긋한 정도 쌓였을 법하고 말 안 해도 통하는 오래된 연인 같을 법도 한 곤충들이 이 책을 묶으며 처음 대하듯 다시 많은 말을 걸어왔다. 여기 실린 글들은 내가 아직 충분히 젊다고 여겼던 10여 년 전부터 일기 쓰듯 정리해 온 기록을 기초로 하고 있다. 월간 〈자연과생태〉에 일부 연재하기도 했으며, 투명사회협약실천협의회에서 발행하던 월간지 〈다함께더맑게〉에도 일부를 펼쳐놓은 바 있다. 그 원고들을 다시 손보고 '내문서' 귀퉁이에 오랫동안 쌓여 있던 옛 기록들을 꺼내고 닦아 재구성하다 보니 새삼 새롭고 또한 미안해졌다.

그간 곤충들이 '소귀에 경 읽기'처럼 내게 많은 얘기를 들려주었건만 이제야 겨우 말귀를 알아듣게 되었으니… 참 답답했겠다 싶다. 비로소 당위로만 읊어댔던 곤충의 가치와 역할을 이해하고, 속삭이듯 전해주는 삶의 지혜도 체득하고, 그들의 당당함과 슬픔까지도 조금은 알게 된 듯하다. 그리고 이제 그들이 나의 시선과 이 모든 과정, 그리하여 내게 아로새겨진 그들의 모습을 더 많은 사람들에게 들려주라고 격려해 주는 듯하다.

나는 이 책에서 오랫동안 관찰해 온 곤충의 생태를 소개하며, 그러는 동안 내가 느꼈던 사람과 세상에 관한 생각까지 털어놓고 있다. 낯부끄러운 면이 적지 않지만 곤충과 나의 관계 맺음에 중요한 역할을 했던 부분이라 내 자신의 역사를 일단락 짓는 마음으로 겸허하게 내려놓는다. 나는 눈앞에 엄연히 존재하고 인간보다 수억만 년이나 앞선 시대부터 지구를 지켜온 곤충들을 바라보며 늘 우리 삶의 영원한 가치는 무엇일까 알고 싶어 했다. 따라서 이 책에는 곤충의 생태에 관한 과학적인 사실과 함께 지극히 주관적인 감상이 공존한다. 곤충 생태를 다룬 부분은 관찰 결과와 자료에 충실했지만, 감상을 옮기면서 자칫 생태적 특성을 달리 해석한 부분이 있을지도 모른다. 혹시 오류가 있다면 따끔한 지적을 부탁드린다. 그런 다음, 무엇보다 '곤충을 바라봄'과 '곤충을 통해 세상을 바라봄'에 무게중심을 두고자 했던 글쓴이의 뜻을 넓은 아량으로 헤아려 주시길 바란다.

시선

곤충을 통해
세상 보기

**선하게
바라보기**

천사와 곤충의
닮은 점

우리는 곤충에 대한 이유 없는 경계심을 갖고 있다. 가치를
따지기 이전에, 엄연히 존재하고 인간보다 훨씬 오랫동안 지구에
살아온 곤충을 인정하려 하지 않는다. 보잘것없고, 징그럽고,
병을 옮기고, 공격하며, 극성맞게 사람을 괴롭히는 존재라는
선입견이 거대한 벽처럼 버티고 있다. 그러나 하늘빛 눈을 가진
아이들은 투명한 시선으로 곤충들의 작은 세상을 볼 줄 안다.
어른들에게 징그러운 곤충이 아이들 눈에는 마냥 신기할 뿐이다.

두쌍무늬노린재. 앞날개의
반은 딱딱하고 반은 부드러
우며, 뒷날개는 전체가 부
드럽다.

아이들은 학교에서 돌아오는 길에 만난 곤충들을 종종 잡아온다. 아빠에게 보여주려 과자 봉지며 음료수 병에 벌레를 담아 이마에 땀 구슬이 흘러내리도록 뛰어 들어온 아이의 얼굴은 발갛게 상기되어 있다.

"아빠, 얘 방아벌레 맞지?"

"와! 이렇게 날쌘 녀석을 어떻게 잡았어? 대단한데…."

아이는 뭔가 큰일을 한 것처럼 어깨를 으쓱하고, 나는 그런 아이를 열심히 추켜세운다. 우리는 방아벌레의 멋진 도약과 생김새를 살펴본 뒤 옥상에 올라가 날려 보낸다.

선입견이 없는 아이들의 눈

컴퓨터 방에 앉아 밤늦도록 일할 때였다. 둘째가 자다 깬 눈을 제대로 뜨지도 못한 채 머리를 긁적이며 들어와서는 아무렇지 않은 표정으로 묻는다. "아빠 우리 방에 바퀴벌레가 지나가고

> 도시처녀나비. 나비는 몸통에 비해 날개가 무척 크고 날개에는 기왓장처럼 박힌 비늘조각이 있다.

있어. 어떡하지?" "그래? 아빠가 잡아줄게." 하고는 휴지를 몇 겹 뜯어 단숨에 바퀴를 처치해 버렸다. 아이는 "그래도 죽이진 말지. 불쌍하잖아!" 하고는 다시 쓰러져 잠이 들었다. 둘째는 그저 잠자는 제 곁을 기어 다니고 있는 바퀴가 조금 거슬렸을 뿐이었는데, 나는 경솔하게도 아이의 단잠을 깨운 그 녀석에게 죽음이라는 혹독한 형벌을 내려 버린 것이다.

아이들이라고 곤충을 특별히 좋아하는 것은 아닐지 모른다. 하지만 적어도 곤충에 대한 막연한 두려움이나 경계심은 없다. 곤충이 우리 생활 주변에 당연히 존재하고, 독특하고 다양한 생태를 지녔으며, 나름대로의 역할이 있고, 인간과 끊임없는 유대를 가져왔음을 자연스럽게 이해하고 있는 듯하다.

한번은 아이를 둔 부모들이 모인 자리에 우연히 끼어들어 경쟁하듯 늘어놓는 자식 자랑을 들은 적이 있다. 그 중에서 자기 아이들의 학교생활이며 예의바른 품성이며 특기 등을 은근히 자랑하던 한 엄마의 얘기가 기억난다. 아이가 식사 중에 파리가 잠깐 앉았다 날아간 접시의 반찬을 밀치며 "파리는 나쁜 병균을 옮기는 곤충이기 때문에 이 반찬은 먹으면 안 돼! 선생님이 그러셨어." 하더란다. 선생님께 배운 내용을 기억해 실천하며 뛰어난 위생관념까지 지닌 아이가 자랑스러워 어쩔 줄 모르는 표정

각다귀류. 파리 무리는 뒷날개가 성냥개비처럼 작은 평균곤으로 변했다.

이었다. 그 선생님이, 혹은 어머니가 "파리는 몇몇 녀석들이 나쁜 병균을 옮기기도 하지만 대부분 꽃가루를 옮겨 열매를 맺게 해 주는 유익한 곤충이란다."라고 좀 더 자세하게 설명해 주었다면 어땠을까. 적어도 그 총명한 아이가 '파리=해충'이라는 어른들의 선입견까지 덥석 제 것으로 받아들이지는 않았을 것이다.

'선하게 바라봄'의 미학

지구에서 최초로 하늘을 난 생명체인 곤충은 새의 출현보다도 1억 5천만 년이나 앞선 석탄기에 거대한 양치식물들 위를 날아다녔다. 인간은 늘 새와 곤충을 동경하며 창공으로 날아오르는 꿈을 키웠다. 이카루스의 꿈이 르네상스시대 다빈치를 거쳐 라이트 형제에 이르러 실현되기까지 많은 시행착오와 희생이 있었지만 결국 사람도 비행기를 만들어 하늘을 나는 동물의 대열에 합류했다.

미국의 곤충학자 하워드 E. 에번스는 "앞다리의 퇴화 없이 겨드랑이에서 별도의 날개가 돋아난 것은 천사와 곤충뿐"이라고 했다. 새는 날기 위해 앞다리를 잃었지만 곤충은 다리의 변형이 아니라 가슴에서 별도의 날개가 돋아 하늘을 날아다닌다. 많은 사람들이 경계의 눈으로 바라보고 퇴치 대상으로 여겨온

1 남방노랑나비들. 새는 날기 위해 앞다리를 잃었지만 곤충들은 다리의 진화와 상관없이 날개가 돋았다.

2 말매미. 앞날개와 뒷날개 모두 부드러워 노린재와 구별된다.

곤충을 색다르게 해석한 그의 시각에서 '선하게 바라봄'의 미학을 느낀다.

다른 이들이나 사회현상을 바라볼 때에도 이 같은 시선이 필요하지 않을까. 나와 다른 생각, 나와 다른 행동, 내 뜻과는 다른 현상을 다양성으로 인정하고 그 모두를 편견 없는 시선으로 바라본다면 이 사회의 명도를 높이는 '긍정의 힘'을 확인할 수 있을 것이다. 얄팍한 지식이나 선입견보다는 백짓장처럼 깨끗한 아이들의 시선이 우리 모두에게 필요한 때다.

새와 곤충의 진화

새와 곤충은 진화 역사가 다르다. 새는 공룡에서 진화했고 곤충은 갑각류에서 진화했다. 곤충의 조상은 바다에서 육지로 올라와 적응하기 시작한 갑각류였다. 이후 차츰 날개가 생겨 하늘을 날게 되었다. 다리가 겨드랑이 양 옆으로 뻗어 걷기에 불리했던 파충류는 다리가 가슴 아래쪽으로 뻗어 빨리 달릴 수 있게 된 공룡으로 진화했다. 그 가운데 앞다리가 날개로 변형된 익룡이 오늘날 새의 조상이다. 지금으로부터 3억 5천만 년 전, 즉 새의 출현보다 1억 5천만 년이나 앞선 고생대 석탄기에 하늘을 날고 있던 생물은 곤충뿐이었다.

1 긴날개여치. 메뚜기들은 날개가 길쭉하고 앞날개는 옥수수껍질처럼 생겼다. **2** 짝지하늘소. 딱정벌레 무리는 딱딱하게 변한 앞날개 아래 부드러운 뒷날개를 숨기고 있다. 날 때는 딱지날개를 벌리고 뒷날개를 내민다. **3** 대모잠자리. 잠자리 무리는 곤충 중에서 가장 먼저 하늘을 날았지만 하루살이와 함께 날개를 접어 겨드랑이에 붙일 수 없는 원시형 곤충이다.

새와 곤충의 비행

새는 양력에 의존해 난다. 유선형으로 굽은 새 날개 아랫면과 윗면을 흐르는 공기 속도는 서로 다르다. 속도가 빠르면 압력이 낮고, 속도가 느리면 압력이 높다. 새가 날 때는 날개 윗면의 압력이 아랫면의 압력보다 낮아져 몸이 저절로 뜨게 된다. 이 힘을 '양력'이라고 한다. 따라서 새는 일단 높이 날아올라 바람을 타면 양력을 이용해 편히 날 수 있기 때문에 1천 킬로미터가 넘는 장거리 비행도 가능하다. 하지만 날기 시작할 때 무거운 몸을 띄우기 위해 도움닫기가 필요하며, 양력을 이용해 미끄러지듯 부드럽게 날 수 있지만 곤충처럼 갑자기 방향을 바꾸는 것은 어렵다.

곤충은 날개가 평평하다. 이 때문에 공기 흐름이 만들어내는 양력을 이용할 수 없으며, 날개를 위아래로 파닥거리고 날개 관절을 움직여 방향을 바꾸는 방식 Flapping Flight 으로 난다. 날개를 파닥일 때 주변에 비정상적으로 소용돌이 같은 공기 기둥이 생기며 이것을 지지대 삼아 날아오른다. 이 공기 기둥을 유지하기 위해 곤충은 쉴 새 없이 날갯짓하며 빠르게 상하 운동을 반복해야 하고, 그러니 쉽게 지쳐 장거리 비행을 할 수 없다. 하지만 제자리에서 바로 날아오를 수 있고, 방

벌쌍살벌류. 벌들은 뒷날개가 매우 작고 앞날개와 뒷날개를 한 장처럼 붙여서 난다.

향도 자유롭게 바꿀 수 있으며, 심지어는 공중 선회 비행, 정지 비행, 거꾸로 매달렸다 비행하기도 가능하다. 멀리 날지 못하지만 자유자재로 날 수 있는 것이 장점이다.

**탈바꿈하며
자라는 곤충**

거듭나지 않으면
죽는다

거듭나고 싶지 않은 사람이 있을까? 더 나은 생활을 꿈꾸는
사람들은 경제력과 지성, 인성, 모든 면에서 업그레이드되기를
원한다. 그런데도 쉽게 시도하고 실천하지 못하는 이유는 무엇일까?
아마도 거듭나고자 하는 노력과 뒤따르는 고통보다, 실패했을
때 겪게 될 절망감이 더 두려워서일 것이다. 그러나 작고 연약한
곤충의 삶은 두려움 없는 거듭나기의 반복이다. 비록 그것이 실패로
끝날지라도 그들은 더 멋진 삶을 위한 도전을 멈추지 않는다.

왕사마귀들이 혹독한 겨울을 잘 넘기고 봄을 맞았다. 알집을 뚫고 나오며 어른벌레가 되기 위한 첫 관문을 통과했다.

"내 속에서 솟아 나오려는 것. 바로 그것을 나는 살아보려고 했다. 왜 그것이 그토록 어려웠을까?" 헤르만 헤세는 〈데미안〉의 주인공 싱클레어의 입을 빌어, 성장하면서 겪는 외부와의 갈등과 고통, 그리고 그것들을 극복하며 진정한 자아를 찾아가는 과정이 결코 쉽지 않았다고 고백한다.

누구나 긍정하고 있기 때문일까? 성장에는 아픔을 뜻하는 '통'자가 따라 다닌다. 인간은 어린아이에서 어른이 되며 성장통을 겪지만 곤충은 애벌레에서 어른벌레로 거듭나기 위해 탈바꿈을 한다. 두렵다거나 싫다고 해서 탈바꿈을 거부하고 계속 애벌레로 살아갈 수는 없다. 거듭나기에 대한 두려움과 실패는 곧 죽음이기 때문이다.

피할 수 없는 성장통

젖먹이동물은 뼈가 기둥 역할을 하고 그 주변에 살과 근육이

1 알을 깨고 나와 알껍데기를 먹고 있는 배추흰나비 애벌레. 애벌레가 자신이 깨고 나온 알껍데기를 먹는 것은 영양분을 얻고 흔적도 없애기 위해서다. **2** 허물을 벗고 있는 넓적사슴벌레 번데기. 허물벗기가 끝나면 완전한 어른벌레가 된다.

붙지만 곤충은 단단한 뼈가 몸 바깥을 감싸고 있다. 뼈가 곧 피부인 셈이다. 이것을 '외골격'이라 하며, 외골격은 한번 굳으면 몸을 단단하게 감싼 채 더 이상 자라지 않기 때문에 성장 과정에서 계속 껍질을 깨고 나와야만 한다. 갑각류인 새우, 강장동물인 해파리, 파충류인 개구리, 잎이 변해서 가시가 되는 식물에서도 탈바꿈을 볼 수 있지만 육상동물 중 탈바꿈^{변태, 變態, metamorphosis}을 거듭하며 성장하는 것은 곤충뿐이다.

곤충의 탈바꿈은 애벌레에서 번데기로, 번데기에서 다시 허물을 벗고 날개가 돋아 어른벌레가 되는 과정이다. 날기와 짝짓기 등에 적합하게 몸 구조를 재편성하는 일이기도 하다. 애벌레 시절에도 여러 차례 허물을 벗으며 성장하지만 기능적인 변화는 아니어서 진정한 탈바꿈과는 다르다.

고통 없이 나아지는 삶은 없다

곤충의 탈바꿈은 산모가 산고를 겪듯 힘겹다. 허물을 벗다가 몸을 다칠 수도 있고, 체력이 떨어져 죽을 수도 있다. 해가 떠오르기 전에 허물에서 빠져나오지 못하면 강한 햇볕에 몸이 말라붙기도 하며, 움직임이 부자연스러운 동안 다른 동물의 공격을 받기도 한다. 평생 불구가 되거나 실패해 죽을지도 모르는 큰

큰멋쟁이나비 번데기. 번데기 속에서 어른벌레가 되기 위한 큰 변화를 겪는다.

위험을 무릅쓰고 겪어내는 성장통인 것이다.

성장하는 자신의 몸에 맞지 않는 허물은 벗어야 마땅하다. 실패와 죽음이 두려워 허물을 벗지 않는다고 해서 계속 애벌레로 살아갈 수는 없는 일이다. 고통과 위험이 따르더라도 과감히 낡은 껍질을 벗고 날개를 돋워 거듭나는 것만이 계속 사는 길이다.

곤충처럼 늘 생사를 건 도전을 해야 하는 것은 아니지만 사회와 개인의 거듭나기에도 고통은 뒤따르기 마련이다. 그 고통을 감내하지 않고는 우리 삶이 더 나아지기를 기대할 수 없다. 실패가 주는 교훈 역시 소중하다는 사실을 잊지 않는다면 두려움을 이기고 도전하는 과정의 고통이 더 즐겁고 짜릿하게 느껴질 것이다.

탈바꿈의 종류

곤충이 탈바꿈하는 방식은 다양하다. 나비와 딱정벌레처럼 알-애벌레-번데기-어른벌레의 네 단계를 거치는 것을 갖춘탈바꿈이라고 하며, 메뚜기나 잠자리처럼 번데기 단계 없이 애벌레에서 바로 어른벌레가 되는 것을 못갖춘탈바꿈이라고 한다. 이 외에도 반탈바꿈, 점탈

1 오랜 땅속 생활을 끝내고 세상에 나온 말매미. 날개가 돋으면 짝을 찾아 날아간다. **2** 허물에서 빠져나오는 메뚜기류. 못갖춘탈바꿈을 하는 메뚜기는 계속 허물을 벗으며 몸이 자란다.

바꿈, 지나친탈바꿈 등 조금씩 다른 탈바꿈 형태가 있고, 전혀 탈바꿈하지 않는 곤충도 있다.

탈바꿈의 장점

곤충은 몇 단계의 탈바꿈을 거치는 동안 각 단계마다 먹이 습성을 달리해서 먹이 부족 문제를 해결하고 생활 장소를 다양화한다. 탈바꿈은 변화무쌍한 자연환경에 대처하기 위한 적응의 필수 요건인 셈이다. 탈바꿈하지 않는 종보다 완전하게 갖춘 탈바꿈하는 종들이 훨씬 진화한 곤충이다.

진흙집 속에서 번데기가 된 점호리병벌. 어른벌레가 되면 흙벽을 뚫고 나온다.
1 장수풍뎅이 번데기. 수컷의 상징인 뿔이 번데기 때부터 만들어진다. **2** 날개돋이를 하다가 실패한 쇠측범잠자리. 탈바꿈에는 늘 위험이 따른다.

**또 하나의 언어,
표정**

곤충에게는 없지만
우리에게 있는 것

영화를 볼 때 사랑에 푹 빠져 서로를 바라보는 주인공들의 그윽한 눈동자와 발그레한 얼굴을 보면 진짜처럼 느껴질 때가 있다. 그러다가 갑자기 '사랑해요.'라는 대사가 툭 튀어나오면 들뜨고 설레던 마음이 바람 빠진 풍선처럼 가라앉아 버린다. 굳이 그런 대사가 필요한 걸까? 말 안 해도 얼굴에 다 씌어 있는데…. 때로 표정은 말 이상의 언어가 된다. 외골격에 싸인 곤충들이 인간보다 모자란 점이 있다면 바로 그 '표정 없음'이 아닐까.

하루살이를 잡아먹는 물방개. 곤충들은 먹을 때도 먹힐 때도 무표정하다.

우리는 갖가지 표정으로 마음을 전한다. 고백이 사족이 될 만큼 사랑으로 가득한 얼굴은 이미 사랑을 고백하고 있으며, 굳이 싫다고 말하지 않아도 불쾌함으로 가득한 얼굴은 거절의 의미를 정직하게 전달한다. 쑥스럽거나 수치스러울 땐 낯을 붉히기도 하고, 환하게 웃거나 마음껏 울 수도 있다. 엷은 미소나 티 나지 않게 찌푸린 눈살로 미묘한 감정을 전달하는 안면근육의 움직임은 또 얼마나 절묘한가. 표정 없이 사랑하고 화내고 슬퍼하거나 즐거워하는 일은 상상할 수 없다.

표정 없는 희로애락

곤충은 다르다. 말보다 더 많은 뜻을 담거나 때로는 시보다 더 은유적일 수 있는 표정을 곤충에게서는 찾아볼 수 없다. 곤충이 표정을 짓지 못하는 이유는 딱딱한 피부, 즉 외골격 때문이다. 곤충의 피부는 제일 바깥쪽이 표피, 그 아래에 진피, 가장

1 밤바구미류. 곤충의 몸은 딱딱한 외골격으로 덮여 있다. **2** 털보말벌. 얼굴까지 딱딱해 표정을 지을 수 없다.

1
2

안쪽에 기저막이라는 세 개 층으로 이루어진다. 표피는 진피에 있는 상피세포에서 발생하는 분비물에 의해 굳고 착색되어 딱딱해지며, 다당류의 키틴 성분과 단백질이 들어 있다. 키토산을 얻을 수 있어서 생물학적 천연자원으로 주목받고 있는 키틴은 가볍고 탄력 있으면서도 강하다.

곤충의 표피는 화학적인 색소와 물리적인 구조색이 결합되어 다양한 빛깔을 띤다. 흑색과 갈색 계통의 멜라닌, 황색과 적색 계통의 카로티노이드, 프테린, 인섹트로빈과 광택에 영향을 주는 크산토프테린 등이 화학적인 요소다. 여기에 표피에서 발생하는 빛의 난반사나 회절, 간섭 등에 의한 물리적 요소들이 합쳐져서 제각각의 색깔을 띠게 된다. 표피 아래 진피에는 수많은 감각세포와 선세포가 있으며, 중요한 감각기관인 털, 비늘, 선모가 여기에서 시작되어 표피를 뚫고 나온다. 이처럼 곤충의 단단한 외골격은 내장을 보호하고 근육의 부착점이 되며 정보를 얻는 감각기가 모여 있고, 개성적인 빛깔을 띠며 생존에 중요한 역할을 한다. 그러나 딱딱한 탓에 또 하나의 언어인 표정을 만들어내지 못한다.

곤충들은 오늘도 짝짓기를 하고 적과 목숨을 내건 일전을 벌이기도 하며 쉼 없이 먹이를 물어 나르거나 집을 짓는다. 살아

1 금빛어리표범나비. 짝을 찾아 교감하고 있는 한 쌍이지만 표정은 매한가지로 무뚝뚝하다. **2** 짝짓기하는 방아깨비. 마치 버거운 업무를 수행하듯 표정이 없다. **3** 싸우는 장수풍뎅이 수컷들. 얼굴 어디에도 화난 마음이 드러날 리 없다.

1

2

3

가는 모습은 우리와 비슷하지만 그들의 표정은 매한가지로 무뚝뚝하다. 마치 버거운 임무를 수행하듯 사랑하고 싸우고 일한다. 그렇다면 무표정한 곤충의 삶이 오로지 생존을 위한 본능과 노동뿐일까? 그렇지만은 않다. 사랑을 나눔에 경망스럽지 않고, 기꺼이 희생하나 보답을 바라지 않는다. 수고로움을 떠벌리지 않고 노동의 결과를 함께 나누며, 생존을 위해서일 뿐 탐욕을 위해 싸우지 않음으로써 자연과 더불어 살아야 한다는 것을 내색 않고 말해 줄 뿐이다. 표정 없는 희로애락 喜怒哀樂. 진지하고 변화무쌍한, 나름대로의 언어와 가치로 충만한 그들의 삶이 멋지다.

사람의 미소는 특권이다

생각을 말로 표현하는 방법 외에 좀 더 익숙하고 효과적인 또 하나의 언어를 가졌으면 하고 바라던 때가 있었다. 이를테면 그림, 글, 음악 같은 것들이다. 내가 소질과 성격에 맞게 찾은 것은 사진이다. 말로 다 표현하지 못하는 것을 사진으로 보여 줄 수 있을 때 그 만족감은 매우 크다. 이처럼 표현은 다양한 방법이 합쳐질 때 강한 상승효과를 갖는다.

우리에게는 애쓰지 않아도 얻을 수 있는 또 하나의 언어, 표

먹이인 나무진과 암컷을 놓고 경쟁하는 사슴풍뎅이 수컷들. 곤충의 일상은 늘 진지해 보인다.

정이 있다. 하지만 태생적으로 또 형질적으로 부여된 소중한 표현 수단인 표정을 잊고 살 때가 많다. 환하게 웃어주거나 잔잔한 미소를 보내는 것은 타인의 마음을 편안하게 해 주는 악수와도 같다. 의논, 절충, 개선 등 사회적 협의와 공감대를 형성하기에 앞서 가장 먼저 할 일이 '미소 짓기' 아닐까. 가식 없는 미소는 상대를 이해하고 인정하고 받아들이고 지지한다는 의미를 전하며 마음의 빗장을 연다.

곤충이 작은 이유

곤충의 딱딱한 외골격은 내외부적으로 몸을 보호하고 야생에서의 안전한 생활을 돕지만 아무래도 여타 동물의 부드러운 피부에 비해 가벼울 리 없다. 키틴과 단백질로 이루어진 외골격에 몸집까지 크다면 그 무게를 도저히 감당하지 못할 것이다. 곤충이 작게 진화한 이유인 듯하다.

1 고치를 뚫고 막 세상에 나온 누에나방. 큰 변화를 앞두고도 담담해 보인다.
2 갑옷을 입고 전장에 나선 듯한 우리목하늘소. 딱딱한 온 몸에 빈틈 하나 없어 보인다.

**얽히고설킨
대립과 공생**

더불어 사는
아름다움

사람은 농작물을 재배하고 진딧물은 그것에 해를 입힌다.
무당벌레는 진딧물을 잡아먹으며 사람을 돕는다. 그와 반대로
개미는 진딧물을 보호하고 먹을 것을 얻으려 한다. 생태계 안에서
생물들은 이렇듯 서로에게 해를 입히기도 하고 득이 되기도 하는
복잡한 관계를 맺으며 살아간다. 그렇다고 자신에게 해를 끼치는
생물을 박멸의 대상으로 여기지는 않는다. 그 종 자체가 사라지면
자신이 설 곳도 잃게 된다는 것을 잘 알기 때문이다.

진딧물을 잡아먹으려는 칠
성무당벌레. 진딧물이 가장
두려워하는 천적이다.

이해와 양보는 더 이상 미덕이 아닌 것일까. 요즘은 서로 돕고 더불어 살기보다 그저 남에게 폐를 안 끼치는 선에서 각자 알아서 살기로 온 세상이 타협을 본 것 같다. 남의 일에 간섭 않고 간섭 받기도 싫다는 식이다. 그래서인지 복잡하게 얽히고설킨 관계를 자연스럽게 받아들이며 살아가는 곤충들이 더욱 예사로워 보이지 않는다.

무당벌레 '앙증맞다'는 말은 정말 앙증맞다. 무당벌레를 볼 때마다 앙증맞다는 생각을 한다. 무당벌레는 다른 곤충에 비해 사람들에게도 예쁜 곤충으로 대접받는다. 또 농작물에 해를 입히는 진딧물을 잡아먹으니 우리에게는 이로운 곤충이 아닐 수 없다. 특히 칠성무당벌레는 평생 동안 천 마리가 넘는 진딧물을 잡아먹으며 농부들에게 사랑을 받는다.

진딧물 식물의 즙을 빨아먹고 사는 진딧물은 농부들에게 도

인도볼록진딧물에게 온 곰개미. 진딧물이 있는 곳엔 늘 개미가 있다.

움이 안 된다. 진딧물의 항문에서 나오는 분비물이 잎에 떨어져 달라붙으면 그을음병균이 발생한다. 이로 인해 잎의 엽록소가 파괴되고 광합성작용이 원활하게 이루어지지 못해 농작물의 상품 가치가 떨어진다. 진딧물은 알을 낳을 때가 되면 많은 양의 단백질이 필요한데, 식물 즙에는 단백질이 충분하지 않다. 그래서 단백질을 최대한 축적하기 위해 과식하게 되며 그 과정에서 탄수화물을 과다 섭취한다. 이때 남아도는 탄수화물을 배출하는 것이 바로 개미가 좋아하는 진딧물의 단물이다.

개미 개미는 진딧물을 보호한다. 진딧물의 항문에서 나오는 분비물이 개미에게는 좋은 영양식이기 때문이다. 그렇다고 개미가 받기만 하는 것은 아니다. 진딧물이 내놓는 탄수화물은 그냥 두면 차츰 검게 굳어서 진딧물을 꼼짝달싹 못하게 만드는데, 개미가 이것을 말끔히 치워주고 신선한 식물로 옮겨 주기도 한다.

사람 농사에 해를 입히는 진딧물과 진딧물을 보호해 주는 개미가 반가울 리 없다. 천연 농약처럼 진딧물을 잡아먹는 무당벌레가 고마울 뿐이다. 그러나 진딧물을 원천적으로 방제할 수 없는 이상, 그을음병을 일으키는 진딧물의 분비물을 먹어치우는 개미가 한편 고마운 것도 사실이다.

진딧물에 모인 개미와 꽃등에 애벌레. 꽃등에 애벌레도 무당벌레만큼이나 많은 진딧물을 잡아먹는다.

사람은 농작물을 재배하고 진딧물은 그것에 해를 입힌다. 무당벌레는 진딧물을 잡아먹으며 인간을 돕는다. 개미는 진딧물을 보호하고 먹을 것을 얻는데, 그것은 결국 사람의 농사를 방해하는 행위다. 이처럼 사람, 무당벌레, 진딧물, 개미는 서로에게 해를 입히기도 하고 득이 되기도 하는 복잡한 관계를 맺고 있다. 그렇다고 생태계 안의 생물들이 자신에게 해를 끼치는 생물을 박멸의 대상으로 여기지는 않는다.

더불어 사는 곤충들의 모습은 이기로 치닫는 인간 사회의 현실을 부끄러운 마음으로 돌아보게 한다. 자연의 모든 구성 요소는 각자 마땅한 존재 이유를 지니고 있다. 단순하게 자신에게 이로운지 해로운지를 판단하는 것으로 그 가치를 재서는 안 된다.

공생의 종류

공생은 상리공생과 편리공생으로 나눌 수 있다. 상리공생은 서로에게 이득이 되는 관계이며, 편리공생은 한쪽에게만 득이 되는 관계다. 그와 다르게 한쪽은 이득을 얻지만 다른 한쪽은 피해를 입는 경우를 기생이라고 한다.

1 칠성무당벌레 애벌레도 진딧물을 잡아먹는다. **2** 모든 무당벌레가 이로운 것은 아니다. 이십팔점박이무당벌레는 식물의 잎을 갉아먹는 초식성이라 농작물에 해를 끼친다.

**곤충의
처세술**

살아남는 자가
곧 이기는 자?

곤충은 빙하기를 견뎌냈고 다양한 환경에 적응하며 지구 최대의 생물 무리로 번성했다. 대립하고 공생하는 것 외에 곤충이 안간힘을 쓰고 있는 부분이 있다면 바로 환경에 적응하는 기술, 처세술 익히기다. 흉내 내기, 죽은 척하기, 지저분해 보이기 등 다양한 전략으로 살 길을 찾는다. 곤충들은 그래서 행복해졌을까? 사람들도 여러 처세술을 터득하고 권장하며 살아간다. 그것이 진정한 행복을 가져다주는지에 관한 판단은 잠시 접어둔 채로.

뽕나무이는 천적에게 곰팡이나 먼지처럼 보이려고 몸에 실오라기 같은 밀납 성분의 물질을 달고 있다.

시선/곤충을 통해 세상 보기

살아가는 데 가장 속편한 처세술은 무엇일까? 그것은 아마도 적응, 혹은 수용일 것이다. 적극적인 사람에게는 치졸한 방법일지 모르지만 소극적인 사람에게는 어쩔 수 없는 선택일 수 있다. '딱딱한 것이 잘 부러진다.'는 말도 있고 '갈대는 바람에 쓰러져도 부러지지는 않는다.'고도 한다. 〈손자병법〉에서는 '막히면 돌아가라.'고 조언한다. 상황에 따라 때로는 부드럽게 대처하는 것이 현명함을 일깨우는 말들이다.

지저분해 보이기

"똥이 더러워서 피하지 무서워서 피하냐?" 싸우기조차 싫은 상대를 두고 흔히 하는 말이다. 싸워봤자 득 될 게 하나 없으니 피하는 게 낫다고 판단될 때다. 거품벌레를 볼 때가 바로 그렇다. '넌 참 구차하게 목숨을 부지하는구나.' 생각하며 이내 피하고 마는데, 그러고 보면 녀석의 작전이 제대로 먹혀든 셈이다.

1 거품벌레 애벌레는 스스로 거품을 만들고 그 속에서 숨어 지낸다. **2** 거품벌레 애벌레의 집은 침을 뱉어 놓은 것 같다. 지저분해 보여 천적들이 건드릴 맘을 갖지 않도록 하는 효과가 있다.

버드나무, 소나무 등 많은 나무에서 침을 뱉어놓은 것처럼 하얀 거품이 묻어 있는 것을 볼 수 있다. 거품벌레 애벌레가 천적으로부터 자신을 보호할 목적으로 항문으로 분비되는 액체와 호흡할 때 발생하는 공기를 섞어서 만든 거품이다. 식물 줄기의 즙을 빨아먹으며 사는 거품벌레는 이 더러운 거품 속에 숨어 혐오감을 주는 방법으로 자기를 보호한다.

노린재는 독한 냄새로 적의 접근을 막는다. 중국에서는 여러 가지 냄새를 피우는 곤충이라고 해서 노린재를 구향충九香蟲이라 부른다. 애벌레 때는 배 등판에 있는 냄새선에서 냄새를 피우다가 어른벌레가 되면 이것이 없어지고 뒷가슴등판이나 옆구리판에 있는 한 쌍의 냄새선에서 냄새 물질을 분비한다. 냄새선 출구 주변은 미세한 요철로 뒤덮여 표면적을 넓히는 효과가 있어서 액체로 분출된 냄새 물질이 순식간에 퍼져나간다.

깍지벌레와 나무이는 밀납 성분의 섬유질을 분비해서 나풀거리는 섬유질을 매달고 다니기도 하고, 나무진처럼 보호막을 만들어 그 안에서 생활하기도 한다. 솜털처럼 몸을 뒤덮은 섬유질은 마치 곰팡이가 슨 것 같아서 천적들에게는 부패한 먹이처럼 보인다.

더럽게 보여서 살아남는 전략은 약자가 선택한 궁여지책이

1 방아깨비가 풀밭에 앉으면 풀과 구별하기 어렵다.
2 강변메뚜기의 무늬와 색깔은 강가 자갈밭과 잘 어울린다.

지만 어떻게든 살아남는 게 목표인 곤충들에게 구차함이란 있을 수 없다. 그들은 단지 결과로, 즉 살아있음으로 승자를 가릴 뿐이다.

감쪽같이 속이기

방아깨비가 풀잎에 몸을 숨기고 있으면 정말 찾기 어렵다. 메뚜기들은 색깔로 몸을 숨기는 위장술을 타고났다. 풀밭에서 지내는 녀석들은 초록빛, 햇볕에 달궈진 땅이나 바위의 열기를 좋아하는 메뚜기들은 흙빛, 낙엽이 많은 곳에 사는 녀석들은 갈색 빛을 띤다. 또 나뭇가지처럼 생긴 대벌레가 나뭇가지 사이에 꼼짝 않고 앉아 있다면 가지와 녀석을 구별하기 어렵다.

나방들도 자신의 날개 색과 비슷한 나무줄기를 찾아 앉음으로써 천적 눈에 띄지 않는 방법을 택한다. 게다가 날개를 활짝 펼쳐 바닥에 밀착시켜 그림자 때문에 생기는 입체감을 없앤다. 나뭇잎과 똑같은 모양을 하고 낙엽 사이에 몸을 숨기는 나방도 있다. 밤나무 숲에 으름밤나방이 숨어 있다면 밤나무 잎과 비슷하게 생긴 이 녀석들을 찾아내기란 거의 불가능하다.

6~7월에 번데기가 되어 이듬해 봄까지 무려 8~9개월을 번데기로 지내는 갈구리나비는 움직이지 못하는 긴 시간을 무사

나뭇가지에 앉은 긴 수염대벌레. 생김새가 나뭇가지 같고 움직이지도 않아 알아채기 어렵다.

히 넘기는 방법을 잘 알고 있다. 녀석들은 긴 가시가 돋친 나무에 매달려 번데기가 되는데, 여간해서는 구별하기 힘들 만큼 가시와 똑같다.

죽은 척하는 게 최고

적을 만났을 때 취할 수 있는 행동엔 뭐가 있을까? 혼신을 다해 맞서 싸우거나 은폐물을 찾아 숨거나 부리나케 도망치는 방법 정도가 있겠다. 감히 객기를 부려보지도 못할 만큼 강한 상대를 만났거나 신체 구조가 따라주지 못해 재빨리 줄행랑을 치지 못할 형편이라면 난감하다. 이처럼 특별히 자기를 방어할 무기가 없거나 위험을 피할 능력이 없는 곤충들이 적에게 공격받을 때 택하는 방법이 바로 죽은 척하기다. 보통은 죽은 척 가만히 있지만 어떤 것은 더욱 과장해 아예 드러누워 버리기도 한다. 나는 죽어서 맛이 없으니까 공격하지 말라는 뜻이다.

딱정벌레 무리 중에는 강한 무기와 방어수단을 지녀 포식자 위치에 오른 종도 많다. 그들은 서로 공격하고 방어하며 승자가 되기도 하고, 패자가 되어 잡아먹히기도 한다. 이처럼 용맹한 기세로 적과 싸우는 곤충이 있는 한 죽은 척하는 곤충이 멋져 보일 수는 없다. 하지만 싸움과 회피, 어느 것이 진정한 승자

갈구리나비 번데기. 갈구리나비 애벌레는 가시가 많은 줄기를 찾아가 번데기가 된다. 가시와 번데기를 구별하기는 어렵다. 사진 한 가운데 세 개가 매달려 있다.

가 되는 길인지 곰곰이 생각해 볼 일이다. 싸워서 이기기보다는 죽은 척하는 행동으로 사전에 위험을 회피하는 딱정벌레가 지구에서 가장 번성한 무리이며, 아예 기절해 버리는 바구미는 하나의 과로 5만여 종에 달하는 생물계 최대의 번영을 누리는 것이 현실이기 때문이다.

때가 아니면 쉰다

곤충들은 겨울잠을 잔다. 살아있는 곤충을 채집해 냉장고에 넣어두면 오랜 기간 죽지 않는다. 기온이 떨어지니 겨울잠을 자듯 활동을 멈추기 때문이다. 몇 개월이 지나 냉장고에서 꺼내 놓으면 몸을 꿈틀거리며 잠에서 깨어난다. 이처럼 먹을 것이 없고 기온이 너무 낮은 겨울에는 꼼짝 않고 쉬는 게 효율적이다. 어디 먹을거리가 있을까 찾아다녀봤자 몸만 지치고 허탕 칠 게 뻔하다. 또 많은 곤충들이 여름잠을 잔다. 기온이 너무 높아도 활동하기에 불편하기 때문이다. 먹을 것이 없으면 안 움직이면 되고, 돈이 없으면 안 쓰면 되고… 참 편리하다.

항온동물인 인간은 그런 방법을 택할 수 없다. 체온을 일정하게 유지하는 데에만도 많은 열량이 필요하고, 늘 신진대사가 일어나기 때문에 잠을 자다 일어나도 배가 고프다. 참 불편하다.

위협을 느끼자 죽은 척하는 대유동방아벌레. 많은 딱정벌레들이 죽은 척하다가 기회를 엿봐 도망친다.

시선/곤충을 통해 세상 보기

적응의 대명사, 곤충

곤충만큼 적응에 능한 생명체는 없다. 그들은 빙하기를 견뎌냈을 뿐 아니라 지하 수백 미터에서부터 지상 수 킬로미터까지 모든 환경에 적응하면서 지구에 존재하는 동물의 80퍼센트 정도에 이르는 종과 개체수를 지녔다. 이렇듯 곤충이 번성한 것은 탈바꿈하는 능력, 작은 체구와 단단한 외골격, 그리고 날 수 있는 능력 때문이다.

곤충은 알-애벌레-번데기-어른벌레의 네 가지 발육 단계를 거치는 동안 생활 장소와 먹이 습성을 달리해서 치열한 먹이 경쟁을 피한다. 또 나서 죽기까지의 세대 순환 주기가 짧아서 새로운 환경에 적응한 세대로의 교체가 가능하다. 이는 곧 변화하는 상황에 대응하는 진화 속도가 매우 빠르다는 뜻이다.

곤충들은 체구가 작아 땅속과 바위틈, 사막의 모래 속까지 파고들 수 있고 다른 동물 몸에 기생할 수도 있다. 또 적게 먹고도 생명을 유지할 수 있고 심지어 먹지 않고도 한 세대를 지낼 수 있다. 나는 능력으로 지상의 적을 따돌리고 먹이 경쟁을 피해 어디로든 옮겨갈 수 있는 것도 장점이다. 단단한 외골격은 기상 변화의 악조건이나 충격에도 견디게 하며 체내의 수분이 증발하는 것을 막아준다.

바다에 곤충이 없는 이유

곤충에게도 금단의 영역이 있다. 바로 바다다. 어디든 살지 못할 곳이 없어 보이는 곤충이 지구 면적의 상당 부분을 차지하는 바닷물 속에는 살지 않는다. 케임브리지 대학의 곤충생리학자 사이몬 매드랠 박사가 1998년에 발표한 논문에 따르면 그 이유는 의외로 간단하다. 바다 속에는 너무나 많은 천적, 즉 물고기가 살고 있기 때문이다. 지구 어느 곳에나 천적은 있지만 곤충은 바다에서 천적을 피할 수 없는 구조적인 문제를 갖고 있다. 곤충의 세포는 튜브처럼 생긴 모세기관^{tracheae}들로 구성되어 공기 중에서 직접 산소를 교환한다. 이는 적은 양의 산소만으로도 살아갈 수 있는 효율적인 시스템이다. 하지만 산소를 가스 상태로 유지하는 모세관은 물속 깊이 내려가면 허탈 상태가 되어 기관체계 전체가 작동을 멈춘다. 이때 곤충 몸속에 있는 기포가 빛을 발해서 물고기들의 눈에 잘 띄게 된다.

**새로 쓰는
경제 용어**

효율 100퍼센트,
곤충의 경제적 생활

곤충의 생활은 철저하게 경제적이다. 어느 것 하나 이유 없는
행동이 없고 쓸데없이 에너지를 낭비하지 않는다. 그들의 일생은
생산과 소비의 반복이며 모든 행위는 효율성에 집중되어 있다.
그들의 경제적 생활과 비교하면 사람이 하는 일은 많은 부분
소모적이며 불필요하게 관념적이기도 하다. 그렇다고 곤충들의
경제적 생활을 교조적으로 따라 배울 필요는 없지만 그들이 전하는
촌철살인의 교훈만큼은 귀 기울여 볼 가치가 있다.

톱사슴벌레 수컷. 싸움이
격렬할 것 같지만 곧 싱겁
게 끝난다.

회의 : 원리를 모르는 이들이 저지르는 시간 낭비

곤충 사회는 단조롭다. 물론 사람과 비교했을 때의 얘기다. 곤충들은 본능에 따라 행동하며, 그에 필요한 생활의 원리는 유전자에 깊이 새겨져 있다. 어떤 문제를 해결하거나 효과적으로 풀어나가기 위해 뜻을 모으는 일이 없다. 자신에게 닥친 일을 스스로 해결하거나 적응하지 못하면 사회에서 도태될 수밖에 없다.

개미 군단 : 줏대 없이 이리저리 휘둘리는 무식한 족속

우리는 흔히 개미들을 영리한 족속이라 표현하고, 일개미의 습성을 성실함의 예로 제시한다. 그러나 여왕개미가 페로몬을 분비해 일개미들의 생각을 지배하며, 제 뜻대로 개미 사회를 휘두른다는 사실은 잘 모르고 있다.

1 톱다리개미허리노린재. 회의라도 하는 것처럼 모여 있지만 모두 젖은 벤치에 주둥이를 꽂고 수분을 빨고 있는 중이다. **2** 개미들은 여왕개미의 지시에 따라 일사분란하게 움직인다.

1
2

주식시장에 참여하는 소액 투자자들을 흔히 '개미 군단'이라고 표현한다. 또 많은 소액 투자자들은 스스로를 '개미'라고 말한다. 개미 군단은 증권·투자·보험회사, 은행, 연·기금, 헤지펀드 등 기관 투자자나 외국인 투자자와 함께 주식시장의 3대 축이다.

개미 군단이라는 표현은 그들 스스로나 기관과 외국인 투자자들이 모두 쓰는 말이지만 그 의미는 각각 다르다. 개미, 즉 소액 투자자들은 개개인의 적은 투자금액이 모여 거대 자본이 되고 기관이나 외국인 투자자들과 대항할 만큼 영향력을 발휘한다고 생각하는 경향이 크다. '티끌 모아 태산'이라든가 '뭉치면 산다.'에 가까운 의미다. 또 개미들은 스스로를 근면 성실한, 사회의 저력이라고 자위하기도 한다. 그 반면에 기관이나 외국인 투자자들은 이런 개미 군단을 언제든지 뜻대로 휘두를 수 있는 대상으로, 의지와 정보가 부족한 무리로 본다. 이리저리 휩쓸려 다니는 패거리로 폄하하는 시각이다. 개미 사회의 여왕개미와 같은 입장이다.

소비 : 생산을 위한 가장 적극적인 행위

국어사전에서는 소비를 '돈이나 물자, 시간, 노력 따위를 들이

애기얼룩나방 애벌레가 잎을 갉아먹고 있다. 곤충에게 소비는 곧 생산이다.

거나 써서 없앰'이라고 정의한다. 이처럼 언어적인 측면에서는 무엇인가를 써서 없애는 행위에 초점을 맞추지만 경제적 측면에서는 소비를 생산의 원동력으로 본다. 다만 거기에 '건전한 소비'라는 단서가 하나 붙는다.

1차 소비자인 곤충들은 끊임없이 식물을 먹고 배설한다. 먹는 동시에 천연 비료를 생산해 자신이 먹어치운 식물이 다시 자라도록 한다. 이처럼 필요한 만큼 먹고 먹은 만큼 되돌려주는 곤충의 생활에 낭비라든가 저축이라는 개념은 없다. 그러니 곤충을 상대로 건전한 소비 운운할 필요도 없다. 곤충뿐 아닌 자연의 어떤 생물에서도 낭비하는 습성을 찾기 어렵다. 어쩌면 인간에게만 있는 독특한 기질 같다.

경쟁 : 누가 양보할지를 결정하는 과정

곤충들이 짝이나 먹이를 놓고 경쟁하는 모습을 표현할 때 전투, 사투 같은 말을 많이 쓴다. 목숨을 잃을 때까지 싸우거나, 그 정도는 아니어도 격렬하게 싸운다고 생각한다. 그러나 그것은 착각이다. 드라마틱하게 표현하기 위해 과장한 것일 뿐 곤충들의 싸움은 대부분 시시하다. 보통은 한 녀석이 툭 치면 상대도 한번 건드려보고 그것으로 싸움이 끝난다. 어떤 때는 서

호박꽃에서 꿀과 꽃가루를 묻히고 나오는 꿀벌

로 노려보기만 하다가 맥없이 끝나기도 한다. 그런데도 승자와 패자가 있다. 이긴 녀석은 짝이나 먹이를 차지하고 진 녀석은 뒤도 안 돌아보고 떠난다.

곤충들의 싸움이 이처럼 시시한 이유는 무엇일까? 곤충들은 쓸데없는 일에 절대로 에너지를 낭비하지 않는다. 툭툭 펀치를 날려 보면 힘의 우위를 알 수 있고, 어떤 때는 눈빛만으로도 상대가 자신의 적수인지 아닌지를 판단할 수 있다. 결국 지게 될 싸움으로 에너지를 낭비하느니 다른 먹이나 짝을 찾는 길을 택한다.

정보 : 지식과 반대되는 말. 공짜로 나눠 줘도 되는 것

상투적인 표현이지만 지금은 정보화 시대다. 정보가 넘쳐나고 같은 정보를 이리저리 가공해 상품화하기도 하며, 널린 정보 중에 옥석을 가려내는 일, 많은 정보에 접근할 수 있는 것이 능력으로 평가받는다. 하지만 모두가 정보의 대가를 지불하는 일에는 인색하다. 이런 사회에서 진정으로 평가 받는 것은 지식이다. 지식과 정보를 같은 개념으로 받아들이는 사람도 많지만 넘쳐나는 정보를 취합해 실행에 옮길 때는 실질적인 지식이 필요하다. 필요한 소프트웨어를 모두 확보해 놓고도 정작 드라이브가 없어 실행시키지 못하는 상황이 될 수도 있다.

  꿀벌들은 꿀이 많은 곳의 정보를 동료들과 공유한다. 태양을 기준으로 꿀이 많은 꽃밭의 방향과 일정한 각을 유지하며 춤을 춘다. 또 춤의 속도로 꽃밭과의 거리를 알려준다. 그러나 많은 동료들을 꽃밭으로 안내해 놓고도 정작 어떤 꽃에 꿀이 많고 어떤 꽃이 안전한지는 알려 주지 않는다. 모든 꽃은 꿀로 곤충을 유혹해 꽃가루받이를 하고자 하며, 꿀만 보면 사족을 못 쓰는 곤충의 습성을 이용해 이들을 사냥하는 식충식물도 있다. 설령 식충식물들이 쫙 깔린 곳으로 동료를 안내했다 해도 그 곤충을 탓할 수는 없다. 그저 세상에 던져놓은 정보일 뿐이니까.

**남과 여, 진정한 강자는
어느 쪽일까?**

종족 번식을 위한 암수의
각기 다른 계산법

모든 생물은 종족 번식을 최고의 과제로 여긴다.
여기에는 종의 구분도, 암수의 차이도 없다.
하지만 그 속내는 서로 다르다. 수컷은 막무가내로 자신의
유전자를 남기려 하지만 암컷은 좋은 유전자를 선별해 품으려고
한다. 그 방법으로 암컷은 수컷들을 애타게 하거나 싸움을
부추긴다. 경쟁자 수컷들을 물리치고 암컷을 차지한 수컷이
기고만장하는 꼴이 불쌍해 보이는 이유가 그 때문이다.

등빨간소금쟁이. 암컷은 도망치려 하고 수컷은 놓치지 않으려고 안간힘을 쓴다.

의지와 상관없는 일이지만 나는 아들보다 딸을 좋아한다. 그런데 딸만 둔 내게 아들 욕심 없냐고 묻는 사람 중, 내가 늘어놓는 '딸 좋아하는 이유'를 그대로 받아들이는 사람은 없다. 모두들 '속마음은 아니면서…' 하는 눈치다. 그런 일을 몇 번 당하고 나서는 "내 열성인자를 빼닮은 사내애가 또 태어나는 게 두려워서 그래." 하고 웃어넘긴다. 생각해 보면, 농담처럼 했던 그 말이 두렵게 느껴진 적도 많았다.

강인한 수컷만이 대를 잇는다

유년시절, 기타를 배우고 싶었지만 끝이 짧고 구부러진 새끼손가락으로는 코드를 힘껏 누를 수 없어서 절망했고, 새끼손가락을 뻗어 멀리 있는 건반을 누를 수 없어서 피아노 배우기를 포기했다. 아이들이 태어날 때, 끝이 구부러져 못생긴 내 새끼손가락을 닮지 않기를 간절히 바랐고, 뾰족하게 쪽 뻗은 새끼손

---

1 소금쟁이. 암컷 등은 평평하게, 수컷 앞다리는 강하게 진화하고 있다. **2** 버들잎벌레 황색형과 갈색형 수컷이 암컷 하나에 매달렸다.

1
2

가락을 보고서야 마음 놓고 기뻐할 수 있었다. 이처럼 외모 일부분에도 가슴을 졸이는데, 험난한 세상을 헤쳐 나갈 강인한 체력과 정신력을 물려주고자 하는 마음은 오죽할까 싶다.

우리는 자손을 낳으면 온갖 정성을 다해 돌본다. 때론 과하다 싶게 보호하기도 하고, 세상을 살아갈 수 있는 소양을 갖추도록 교육시킨다. 호된 꾸지람으로 단련시키며 독립심도 심어 준다. 성인이 되어 치열한 경쟁사회에 발을 딛기 전까지, 우리에게는 자녀의 부족한 부분을 보완하거나 자립할 수 있도록 보살필 기회가 있다. 그러나 곤충들에게는 그런 기회가 주어지지 않는다. 알을 낳은 뒤, 숱한 어려움을 겪을 후손들을 방치할 수밖에 없다. 사정이 이러니 그들이 선택할 수 있는 최선의 방법은 강인한 유전인자를 물려주는 것뿐이다.

결국 곤충 세계에서 짝짓기는 가장 우성인 종자로 대를 잇기 위해 우열을 가리는 행위다. 열등한 곤충일수록 수컷보다 암컷의 개체가 많아서 짝짓기를 여러 번 해 많은 자손을 생산하지만, 우등한 곤충일수록 암컷보다 수컷의 개체가 많아서 수컷들은 암컷을 차지하기 위해 싸움을 벌여야 한다. 싸움에 이긴 강한 수컷만이 암컷을 차지하며, 이것은 곧 가장 훌륭한 우성인자를 선별하는 과정이 된다.

1 육점박이범하늘소. 수컷들이 암컷을 차지하기 위해 경쟁한다. **2** 털보바구미 수컷 두 마리가 암컷 한 마리를 놓고 싸운다. **3** 좀남색잎벌레. 다른 수컷이 짝짓기하고 있는 한 쌍을 떼어 놓으려 한다.

81

목숨 거는 수컷, 불구경 하듯 하는 암컷

물오른 버드나무 줄기에서 버들잎벌레가 짝짓기한다. 그런데 암컷 한 마리에 황색형과 흑색형^{버들잎벌레에는 두 변이가 있다} 수컷 두 마리가 함께 엉겨 붙어 있다. 두 수컷이 달려들어 서로를 밀어내려 하는데도 암컷은 태연하다. 오히려 '어디 누가 더 센가 보자.' 하는 식으로 둘의 싸움을 모른 척한다. 과연 누가 아빠가 될까? 짝짓기의 결과로 태어날 후손은 흑색형일까? 황색형일까?

소금쟁이는 짝짓기 중에도 물 위를 미끄러지며 돌아다닌다. 물살 잔잔한 곳에서 얌전히 짝짓기할 만도 한데 왜 이리 촐싹거릴까? 소금쟁이 암컷은 수컷에게서 빠져나가려 하고 수컷은 암컷을 놓치지 않으려고 안간힘을 쓰는 것이다. 사실 소금쟁이는 최고의 유전자를 확보하기 위해 치열하게 진화 경쟁을 벌이는 곤충이다. 수컷은 자신의 유전자를 최대한 퍼트리기 위해 가능한 한 많이 짝짓기하려는 반면, 암컷은 최고의 유전자를 선택하기 위해 가능한 한 수컷을 피하려 한다.

서로의 목적에 맞게 신체도 진화했다. 수컷은 암컷을 꽉 붙잡기에 좋도록 앞다리가 점점 강해지고, 암컷은 수컷한테서 잘 빠져나오기 위해 등이 납작하게 진화하고 있다. 또 이와 같은

버들잎벌레 수컷이 이미 짝짓기 중인 또 다른 수컷을 떼어내고 있다.

수컷과 암컷의 진화 경쟁은 매우 치열해서 암수의 우열이 수시로 바뀐다. 수컷의 앞다리 힘이 우세할 때는 하루에 20회 정도, 암컷의 회피 능력이 우세할 때는 이틀에 한 번 꼴로 짝짓기가 이루어진다.

싸우는 수컷, 부추기는 암컷

소리쟁이 위에서 짝짓기하는 좀남색잎벌레를 관찰한 적이 있다. 이미 짝짓기를 끝내 배가 불룩한 암컷은 산란할 장소를 찾고 있었고, 한창 짝짓기에 열중하고 있는 녀석들도 여러 쌍 보였다. 아직 제 짝을 찾지 못한 수컷 한 마리가 짝짓기 중인 한 쌍의 주위를 맴돌다가 갑자기 달려들어 수컷을 암컷으로부터 떼어놓으려 한다. 버티는 수컷과 떼어놓으려는 수컷의 암컷 쟁탈전은 오래가지 않았다. 이미 짝짓기를 하고 있던 수컷이 달려든 수컷에게 암컷을 빼앗겼기 때문이다.

 암컷을 빼앗긴 수컷은 민망한 듯 숨어버리고 이긴 수컷은 암컷에게 다가갔다. 힘의 논리에 쉽게 굴복한 녀석이나 남의 짝을 빼앗은 넉살 좋은 놈이나 참 어이없다 생각했는데, 옆에서 두 수컷의 싸움을 남의 일처럼 방관하다가 천연덕스럽게 새로운 수컷과 짝짓기하는 암컷을 보니 정말 밉살스럽다.

사실 수컷들의 짝짓기 경쟁은 암컷의 이런 속성 때문이다. 암컷은 강한 유전인자를 받아들이기 위해 수컷들의 싸움을 부추기거나 방관할 때가 많다. 힘이 세서 어떤 암컷이든 차지할 수 있을 것 같은 수컷들이, 알고 보면 강한 유전자를 선호하는 암컷의 본성에 지배당하고 있는 것이다. 암컷을 차지했다고 기고만장하는 수컷들이 불쌍해 보이는 이유다.

물결을
일렁여
사랑을
전하는
소금쟁이

소금쟁이들은 물결을 일으키고 그 파동을 감지해 상대를 찾는다. 미세한 일렁임도 없는 고요한 수면은 소금쟁이가 짝짓기하기에 최상의 조건이다. 사랑을 전하는 데 혼동을 주는 불필요한 물결의 간섭을 피할 수 있기 때문이다. 간혹 짝을 찾기 위해 일으키는 파동이 수면 위의 모든 무리에게 영향을 주어 같은 곳에 있던 소금쟁이들이 집단으로 짝짓기하는 경우도 있다. 평소에 소금쟁이가 드물던 연못이나 웅덩이에 갑자기 소금쟁이가 많아졌다면, 엉뚱한 이의 구애에 휩쓸려 충동적인 사랑을 나누는 소금쟁이들이 있기 때문이다.

**사람이 만물의 영장이
된 이유?**

사람과 곤충,
짝짓기의 차이점

지구상 모든 생물이 존재하는 데는 나름대로 분명한 이유가 있지만
그 원리는 짝짓기에서 비롯된다. 생식 그 자체가 종의 연속성을
보장하기 때문이다. 사랑과 본능의 경계, 그 차이를 떠나 생식적인
측면에서도 사람은 참으로 뛰어난 능력을 지녔다. 발정기 없이
짝짓기하는 동물은 사람밖에 없다. 번식기 이후에 이성을 찾는 존재
역시 사람뿐이다. 사람이 만물의 영장이 된 이유는 이렇듯 물불
가리지 않는 생식 능력 덕분인지도 모른다.

짝짓기하는 왕잠자리. 잠자
리 수컷은 암컷에 대한 독
점욕이 강하다.

곤충들도 다른 생물과 마찬가지로 짝짓기를 통해 후손을 남긴다. 짝짓기는 생식기의 결합을 통한 수정으로 이루어지므로 짝을 만나고 생식기를 결합하는 일련의 과정은 반드시 필요하다. 별다른 교감의 과정 없이 본능만으로 이루어진다고 해서, 곤충의 짝짓기 이야기를 단순한 흥밋거리로 치부해서는 안 된다. 곤충의 생식을 살피다 보면 인간에 관한 이해에까지 도달한다.

본능에 충실한 곤충의 짝짓기

몇몇 곤충의 생식 형태를 살펴보자. 톡토기는 암수가 붙어 짝짓기하지 않고 암컷이 지나갈 만한 곳에 수컷이 정포를 떨어트리면 암컷이 자신의 몸에 집어넣어 수정한다. 이처럼 생식기의 결합 없이 체외수정, 처녀(단위)생식을 하는 몇몇 종을 제외하면 곤충들도 대부분 성적으로 성숙한 개체간의 짝짓기를 통해 수정한다.

떼허리노린재들은 여럿이 모여 짝짓기하며 짝짓기 기회를 늘리고, 천적의 공격에도 함께 대응한다.

짝짓기는 암컷의 질 속으로 수컷의 음경이 들어가 정자를 방출하는 형태다. 수컷의 음경에는 암컷의 질에 삽입해 고정시키는 갈고리 모양의 구조물이 있으며, 이것은 같은 종 암컷의 질에만 꼭 들어맞게 되어 있다. 따라서 음경과 질의 구조는 종을 구분하는 동정同定, identification, 생물분류학상의 소속을 바르게 정하는 일 포인트가 되며, 이것은 다른 종과의 교잡을 방지하기 위한 진화의 결과로 본다. 간혹 비정상적으로 다른 종과의 수정이 이루어져 잡종이 발생하더라도 기형이나 면역이 약한 개체가 발생해 종의 연속성을 갖지 못한다.

잠자리 수컷은 암컷이 이미 다른 수컷과 짝짓기해 몸 안에 정자를 품고 있어도 강제로 암컷의 생식기에서 정자를 긁어내고 다시 짝짓기해 기어코 자신의 후손을 잉태시킨다. 딱정벌레 수컷들은 종종 암컷을 차지하기 위해 힘겨루기를 하고, 하루살이는 무리지어 짝짓기 의식을 치르며 가장 강한 수컷만이 암컷의 간택을 받는다. 나비는 화려한 색으로, 나방은 이성을 이끄는 페로몬으로 짝을 유혹하며, 애호랑나비나 모시나비 수컷들은 자신과 짝짓기한 암컷이 다른 수컷을 또 만나지 못하도록 암컷의 생식기를 막아버리기도 한다. 매미, 귀뚜라미, 여치, 베짱이 등은 구애의 노래를 부르며, 춤파리 수컷은 암컷의 환심

1 이십팔점박이무당벌레. 딱정벌레과의 수컷들은 주둥이로 암컷의 등을 긁어 자극하며 짝짓기하는 종이 많다. **2** 알을 낳고 있는 참실잠자리. 잠자리 수컷은 암컷이 알을 낳는 동안 다른 수컷들이 접근하지 못하도록 곁에서 지킨다.

1
2

을 사기 위해 먹이를 선물하고 춤을 춘다. 이와 같은 곤충들의 다양한 구애 전략은 자신의 존재를 과시하고 강한 후손을 남기기 위한 행동이다.

본능 + 알파, 사람의 짝짓기

곤충의 짝짓기란 종족 번식을 위해 성숙한 암수가 서로 만나 후손을 생산하는 수단일 뿐이다. 몸의 성숙이 본능적으로 이성을 찾게 하고 경쟁과 선별을 통해 짝짓기를 할 뿐이지 서로 사랑하거나 쾌락을 즐기기 위해 짝을 찾는 일이란 없다. 그 외에 더할 목적이 있다면 좀 더 강인한 후손을 만들고자 하는 것뿐.

사람은 어떤가? 생리적으로 짝을 찾게 하는 발정기 없이 짝짓기하는 동물은 사람밖에 없다. 종족번식의 목적 없이 그 자체의 쾌감을 즐기는 동물로는 유일하다는 말이다. 번식기 이후에도 이성을 찾는 존재 또한 사람뿐이다. 곤충은 번식기가 끝나면 짝을 찾는 일을 멈추며 산란을 끝으로 생을 마감하지만 사람은 폐경이나 갱년기가 지나 번식 능력이 없는 시기에도 짝짓기를 할 수 있다.

옛날 우리나라에는 나이 어린 신랑을 성숙한 신부와 맺어주는 조혼 풍습이 있었다. 남성은 10대부터 꾸준히 성적 욕구

1 작은홍띠점박이푸른부전나비. 나비들은 날개 윗면의 빛깔과 무늬를 보고 동료와 암수를 구별한다. **2** 긴알락꽃하늘소. 수컷의 외부생식기가 빠져나와 암컷 생식기와 결합했다. 곤충의 암수 생식기는 같은 종족에게만 들어맞게 생겼다.

가 상승하다 30대 이후 하강 곡선을 그리고, 여성은 성적 욕구가 서서히 상승하다가 30대 이후 그 욕구를 지속적으로 유지하는 특성으로 볼 때 남녀가 성욕을 활발히 해소할 수 있도록 시기를 맞춰 준, 지혜로운 방법이라고 할 수 있다. 이처럼 성숙과 미성숙의 불균형에도 불구하고 이성간의 만남까지 인위적으로 조절해 더 큰 효율을 꾀하고자 한 것도 사람뿐이다. 더 나아가 동성애를 느끼기도 한다. 생식 능력이 생물 번영의 기본 원리라면 사람은 참으로 뛰어난, 어찌 보면 물불 안 가리는 생식 능력으로써 유리한 고지를 점하고 있다. 그래서 인간이 만물의 영장이 되었는지도 모른다.

종의 명확한 개념

계〉문〉강〉목〉과〉속〉종. 생물의 소속을 정하고 쉽게 알아보기 위해 정한 틀로 오랫동안 사용되고 있는 분류체계다. '곤충강'은 다리가 마디로 되어 있는 절지동물 중에서 다리가 여섯 개, 날개가 네 개, 몸은 세 부분(머리, 가슴, 배)으로 이루어진 동물을 통틀어 부르는 말이다. 그 중에서 생김새가 비슷한 것들을 묶어 '목'으로 나누고, 목에서 생활양식이 같은 것들을 묶어 '과'로 묶었다. '속'은 모든 것이 똑같아 보이는데도 짝짓기로 수정할 수 없는 관계다. '종'은 짝짓기를 통해 후손을 생산할 수 있는 그룹이다. 사람은 동물계〉척추동물문〉포유강〉영장목〉사람과〉사람속〉사람종에 속하는 동물로, 생김새와 생활양식이 같고 번식도 가능한 무리다.

1 수컷을 거부하는 큰줄흰나비 암컷. 흰나비 암컷들은 이미 짝짓기를 했거나 수컷이 맘에 들지 않으면 배를 치켜 올려 짝짓기를 거부한다. **2** 벼메뚜기. 메뚜기들은 배 끝을 꼬아 맞대고 짝짓기한다. 수컷이 암컷보다 작다.

'사회'라는 수레바퀴를
돌리는 힘

지구를 가꾸는
작은 영웅들

'지구의 청소부' '숲의 간벌꾼' '생태계의 조절자' 등 곤충의 별명은
참 많다. 곤충학자 하워드 E. 에번스는 지구를 '곤충의 행성'이라고
칭하며 그 역할을 극찬했다. 지나치게 거창한 것 아닌가 싶을
테지만, 이 모든 표현들은 작은 곤충들의 작은 역할에 쏟아지는 진심
어린 찬사다. 사람 사는 세상도 비슷하다. 하루하루를 묵묵히 일하며
사는 개인들이 있기에 사회라는 거대한 수레바퀴가 멈추지 않고
돌아간다. 모두가 스스로를 응원하며 살아야 하는 이유다.

소똥을 떼어 경단처럼 빚어
그 속에 알을 낳는 애기뿔
소똥구리

사람들은 뭔가 손에 쥐어지지 않는 일을 잘 믿지 않는다. 실체가 있고 그것이 제 손아귀에 들어와야 확신을 갖는다. 이런 성향 때문인지, 사람들은 눈에 띄지 않게 작은 역할을 담당하며 자연의 수레바퀴를 원활히 돌리고 있는 생태계 구성원들에게 그리 관심을 갖지 않을 뿐 아니라 개개인이 가진 힘, 심지어는 스스로의 힘도 잘 알아채지 못한다. 결국 그 힘을 잃고 나면 깨닫게 될 테지만 말이다. 생태계 혹은 사회를 움직이는 '작은 영웅'들이 없다면 어떤 일이 벌어질까? 몇몇 곤충을 예로 살펴보자.

잠자리가 사라진다면?

극성스런 모기 때문에 잠을 이루지 못할 것이다. 잠자리는 곤충 세계의 무서운 사냥꾼이다. 애벌레시기에는 물에서 살고 어른벌레 때는 뭍으로 올라와 생활하는 반수서 곤충인 잠자리는

1 어리부채장수잠자리 애벌레. 물속의 작은 곤충을 잡아먹는다. **2** 모기 애벌레인 장구벌레. 잠자리에게 많이 잡아먹힌다.

1

2

물속에서나 물 밖에서나 엄청나게 많은 곤충을 사냥한다. 모기 또한 반수서 곤충이다. 육식곤충인 잠자리와 달리 식물을 분해하는 모기 애벌레는 물속에 가라앉은 낙엽 같은 식물질을 먹어 물이 더러워지는 것을 막는다. 모기는 먹이사슬 하위에 속하므로 잠자리에 비해 개체수가 훨씬 많지만 물속에서는 잠자리 애벌레에게, 물 밖에서는 잠자리에게 잡아먹혀 개체수가 급격히 줄어든다. 실제로 서울 강남구에서는 잠자리를 증식해 모기를 퇴치하려는 시도도 있었다. 하루살이, 깔다구 같은 반수서 곤충들 대부분이 이렇듯 잠자리에 의해 개체수를 조절해 간다.

소똥구리가 사라진다면?

초원이 사라지고 우리는 맛난 소고기를 먹지 못하게 될 것이다. 사료만으로도 소를 키울 수 있지만 살아있는 풀을 먹지 못한 소가 정상적으로 발육하기를 기대할 수 없다. 그래서 많은 목장들은 축사 사육과 방목을 반반 겸하고 있다. 풀을 뜯어먹은 소는 풀밭 위에 철퍼덕 똥을 싸고 그 똥 밑에 깔린 풀은 햇볕을 받지 못해 죽고 만다. 이것을 백화현상이라고 한다. 결국 소가 먹을 풀이 없어지니 소도 살 수 없게 된다. 소똥구리는 소똥에 알을 낳아 새끼를 먹여 키운다. 소가 똥을 싸면 잽싸게 날

1 애기뿔소똥구리와가 소똥 속에 낳아 놓은 알 **2** 큰넓적송장벌레들이 죽은 지렁이를 먹고 있다.

아와 파고들며 알을 낳기도 하고, 어떤 종은 소똥을 떼어내 돌돌 굴려가 땅속에 묻고는 알을 낳는다. 그런 과정에서 풀을 덮은 소똥을 잘게 분해해 풀밭에서 사라지게 한다. 수많은 종류의 똥풍뎅이들도 같은 역할을 한다.

하늘소가 사라진다면?

산이 모두 헐벗게 될 것이다. 모든 하늘소는 식물을 먹는 초식곤충이다. 그래서 식물을 해치는 곤충으로 알려져 있지만, 하늘소의 진정한 역할은 식물의 건강, 나아가 숲의 건강을 유지하는 것이다. 한 곳에 자리를 잡으면 평생 그 자리를 지키며 살아야 하는 나무들은 옆 나무들과 치열한 자리다툼을 벌인다. 서로 넓은 자리를 차지하려고 가지를 넓게 뻗고, 조금이라도 햇볕을 더 받으려고 높이 치고 올라간다. 그대로 두면 숲은 나무로 빽빽해진다.

이런 상황이 되면 숲은 자멸의 길로 들어선다. 햇볕이 닿지 않는 숲 바닥에는 작은 식물들이 살 수 없고, 그 식물을 먹이로 하는 수많은 곤충들이 숲을 떠난다. 나무들은 숲에서 제한된 양분을 서로 차지하려고 더욱 치열하게 경쟁하며, 차츰 경쟁에서 도태된 나무들은 죽는다. 살아남은 나무들은 더욱 세를 넓

후박나무하늘소는 나무속을 파먹으며 자라다가 어른벌레가 되어 밖으로 나온다.

히려 하지만 이미 지난 과정에서 나무의 번식을 도와줄 곤충들은 숲을 떠난 상태다. 결국 숲은 죽음을 기다리는 나무들의 무덤이 되고 만다.

하늘소와 나무는 제각각 짝이 있다. 나무마다 그 나무만 찾는 하늘소가 있고, 애벌레들은 좋아하는 나무의 속살을 파먹고 산다. 그렇다고 하늘소 애벌레들이 나무를 모두 먹어치우는 것은 아니다. 먹이가 사라지면 자신도 살 수 없음을 알기 때문이다. 하늘소 애벌레의 먹이이며 집 역할을 하는 나무들은 하늘소에게 피해를 입지 않은 나무에 비해 약해져 일찌감치 숲에서 도태된다. 그로 인해 숲의 밀도와 식물의 다양성이 적절히 유지된다. 하늘소를 '숲의 간벌꾼'이라고 부르는 이유가 그 때문이다.

송장벌레가 사라진다면?

지구는 동물의 사체로 가득찰 것이다. 지구에는 수많은 동물이 산다. 그들도 사람처럼 모두 죽음을 맞는다. 그런데 우리는 그들의 사체를 볼 일이 거의 없다. 바로 송장벌레와 같은 동물 분해자들이 있기 때문이다. 풍뎅이붙이, 반날개 등 조금은 낯선 곤충들도 묵묵히 동물의 사체를 분해해 흙으로 돌려보낸다. 그래서 이들을 '지구의 청소부'라고 부른다.

예로 든 결과가 지나친 면은 있지만 극단으로 치닫는다면 충분히 있을 수 있는 일이다. 아무리 하찮아 보이는 작은 곤충이라도 한 종이 통째로 지구에서 사라진다면 이렇듯 큰 재앙이 닥칠 수 있다. 거듭 말하지만 쓸모없는 생물, 쓸모없는 역할이란 없다. 작은 생물들의 힘으로 돌아가는 자연의 수레바퀴처럼 사회의 수레바퀴를 돌리는 힘도 개개인의 작은 역할에서 비롯된다.

곤충은 자연의 분해자들

죽은 동식물은 분해 과정을 통해 자연 거름이 된다. 그 과정에서 가장 큰 역할을 하는 것이 분해자인 곤충들과 미생물이다. 곤충들은 죽은 동식물을 1차적으로 잘게 부수는 역할을 하며, 이후에는 미생물들이 더욱 미세하게 분해해 사라지게 한다.

그대로 보기

그들이 사는 법

**지키려는 의지가
허물려는 의지보다 강하다**

모든 암컷은
여왕개미를 꿈꾼다

개미사회의 계급과 역할은 여왕개미가 구분하고 결정한다.
여왕개미가 주도하는 개미 사회는 무척 제왕적이다. 같은 암컷인
일개미들은 여왕개미가 될 잠재력을 지녔으면서도 여왕개미가
발산한 계급분화 페로몬에 중독되어 노예 같은 삶을 당연한 듯
여기고 산다. 여왕개미가 자신의 기득권을 지키기 위해 쓰는 방법은
바로 '기회의 박탈'이다. 기회의 균등과 공정한 경쟁이 없다면
인간 사회가 개미 사회보다 나을 게 없다.

일본왕개미 일개미. 집짓기
와 보수는 늘 일개미의 몫
이다.

다른 동물들과 구분하기 위한 인간의 특성을 이야기할 때 흔히 '사회적 동물'이라는 정의를 예로 든다. 그러나 사회를 구성하는 동물은 인간만이 아니다. 대표적인 동물로 개미를 들 수 있다. 개미가 사회를 구성하고 그 속에서 신분에 따라 일사불란하게 맡은 바 역할을 다하는 것을 보면, 개미가 인간보다 더 발달한 사회를 꾸리고 있는 게 아닌가 싶을 정도다. 하지만 더욱 유심히 관찰해 보면 개미 사회만큼 제왕주의적인 사회도 없다.

단 한 명의 제왕과 충실한 노예들

개미 사회는 여왕개미, 수개미, 일개미(암컷) 세 계급으로 나뉘며, 이런 계급은 여왕개미가 독단적으로 결정한다. 짝짓기한 여왕개미는 정자를 저정낭이라는 장소에 보관해 두고 평생 동안 계속해서 알을 낳는다. 이때 저정낭에서 정자를 꺼내 수정시키면 암컷이 되고, 저정낭을 막아 미수정란을 낳으면 수컷이 된다.

1 나방 애벌레를 공격하고 있는 곰개미 일개미들. 개미는 잡식성이다. **2** 죽은 풍이를 끌고 가려는 일본왕개미 일개미들. 개미는 자기 몸보다 훨씬 무거운 먹이도 옮길 수 있다.

여왕개미는 평생 알만 낳고 수개미는 하는 일 없이 짝짓기할 날만 기다린다. 하지만 암컷으로 태어난 일개미들은 여왕과 알을 돌보고 먹을 것을 구해 오는 등 개미 사회의 온갖 노동을 도맡아 한다.

이런 신분과 역할이 결정되는 과정은 여왕개미에 의해 다분히 계산적이고 강제적으로 이루어진다. 암컷인 일개미는 여왕개미가 될 수 있는 잠재력을 지니고 있지만 여왕개미가 일개미의 생식기능을 억제하는 '계급분화 페로몬'을 내보내고 영양공급을 제한해 암컷 기능을 못하게 된다. 일개미들은 자기 역할의 부당함이나 여왕이 될 기회를 박탈당한 사실도 모른 채 여왕개미의 충실한 노예로 살아간다.

공주개미가 새로운 왕국을 건설한다

개미 사회는 각 종마다 조금 다르지만 보통 1년 주기로 새로운 여왕개미가 탄생하면서 조직이 나뉜다. 여왕개미는 수명이 다해갈 무렵이나 사회가 커져 집이 좁아지면 자신이 낳은 알 중 일부를 간택해 영양을 충분히 공급하고 생식기능의 발달을 억제하던 호르몬의 분비를 멈추는 등 특별 관리를 시작한다. 이 알들은 암컷의 생식기능을 완벽히 갖춘 공주개미로 태어나며,

1 결혼비행을 준비하는 일본왕개미 공주개미. 여왕에게 간택 받은 암개미들이다. **2** 가시개미 여왕개미. 다른 제국을 만들 여왕은 무리와 떨어져 홀로 겨울을 난다.

이들이 바로 다음 세대의 개미 사회를 이끌 여왕개미 후보다.

사회가 분화될 무렵 공주개미와 수컷들은 겨드랑이에 날개가 돋아 결혼비행을 한다. 짝짓기를 통해 수컷의 정자를 얻은 공주개미는 다른 장소로 옮겨 알을 낳고 새로운 사회를 만들어 여왕이 된다. 알에서 깨어난 애벌레에게 필요 없어진 자신의 날개를 떼어 먹이기도 하고 밖에서 먹이를 구해 오기도 한다. 이처럼 처음에는 먹이를 구하고 새끼를 돌보는 일을 혼자서 감당하다가 성장한 일개미들에게 모든 노동을 떠넘기고 나면, 이때부터 여왕개미는 과거 자신의 어미가 그랬던 것처럼 모든 활동을 멈추고 오직 알 낳는 일에만 열중하며 세력을 키워 나간다.

공주개미가 자신의 제국을 만들기 위해 떠나고 기존의 여왕개미가 기력을 다해 죽으면 개미 사회의 운명도 끝난다. 거의 모든 종의 개미는 여왕의 후계자나 여왕 자리를 대신할 개체를 기존 조직 안에 두지 않는다.

개미 사회의 유지 원리는 '기회의 박탈'

이렇게 개미 사회는 엄격하게 계급이 분리되어 있고, 구성원들의 합의나 공정한 경쟁을 거쳐 계급과 역할이 결정된 것도 아

1 죽은 길앞잡이를 분해해 집으로 가져가고 있다. 이처럼 개미들은 자연의 쓰레기를 치우는 역할도 한다. **2** 부전나비 애벌레의 분비물을 먹으려는 개미. 많은 개미들이 부전나비 애벌레들과 공생한다. 부전나비 애벌레를 개미집으로 데려가 돌보며 부전나비 애벌레에게서 나오는 분비물을 먹는다. **3** 썩은 나무속 빈 공간에 모여 겨울을 나고 있는 개미들

닌데 일말의 동요나 반발 없이 일사불란하게 유지된다. 이는 여왕개미의 강력한 장악에 의해 가능하며 그 무기가 바로 '기회의 박탈'이다.

개미 조직의 계급과 군집 분화에서 보듯, 태생적인 한계를 극복하더라도 존엄성과 기회를 공평하게 얻기 위해서는 기득권의 벽을 허물어야 하는 과제가 남는다. 기득권자의 기득권 보호 의지는 하위계층의 신분상승 의지보다 강해 남다른 의지와 적극적인 저항 없이는 극복하기 힘들다.

만일 여왕개미의 수명이 무한대거나 방대한 조직의 서식처가 무한정 넓다면 여왕개미는 공주개미를 생산하고 군집을 분화할 필요가 없다. 또 여왕개미의 필요에 의해서만 공주개미가 태어나고 조직이 분화되는 것을 일개미들이 당연하게 받아들이는 한, 일개미들이 신분의 벽을 넘어 여왕개미로 탈바꿈할 일도 없다.

인간의 역사는 불평등을 해소하기 위한 노력과 투쟁의 역사라고 해도 지나치지 않다. 그 결과로 현대 사회에서 계급이나 신분은 거의 사라졌지만 여전히 불평등한 요소는 남아 있다. 인간은 그 문제를 균등한 기회 부여와 공정한 경쟁을 통해서 해결하고자 노력한다. 부와 권력의 편중, 그리고 대물림, 학연

땅속 깊이 굴을 파고 사회생활을 하는 곰개미들. 개미 사회는 복잡해 보이지만 일사불란하게 돌아간다.

과 지연으로 얽힌 엘리트주의 등으로 공정하게 경쟁할 기회가 박탈된다면 인간 사회가 개미 사회와 비교해 나을 것이 없다. 기회의 균등과 공정한 경쟁은 평등한 사회의 기본이다.

페로몬의 역할

페로몬은 생물이 같은 종족 간의 의사소통을 위해 몸에서 분비하는 화학물질이다. 특정 부위에 있는 분비선을 통해 나오기도 하고 배설물에 섞여 나오기도 한다. 종류도 다양해 위험을 알리는 경보 페로몬, 짝을 찾는 성 페로몬, 길을 안내하는 길잡이 페로몬, 계급을 규정하는 계급분화 페로몬, 종족을 불러 모으기 위한 집합 페로몬과 밀도가 높아 분산시키기 위한 분산 페로몬 등이 있다. 페로몬은 후각이 발달한 동물들에게 중요하며, 젖먹이동물들이 자신이 사는 구역에 똥이나 오줌을 싸 텃세권을 표시하는 것도 페로몬 활용의 예다.

개미와는 다른 흰개미 사회

개미와 흰개미는 전혀 관련 없는 무리이지만 사회생활을 한다는 면에서 종종 비교된다. 개미 사회가 여왕개미의 통솔로 유지되는 것에 반해 흰개미 사회는 여왕과 왕이 함께 이끈다. 또 개미 사회의 여왕개미는 후계자를 키우지 않지만 흰개미 사회는 조직 내에 후계자를 두기 때문에 여왕과 왕이 죽더라도 조직이 멸망하지 않고 유지된다.

**소극적인 성격은
더욱 소극적으로 진화한다**

뒷걸음치는
명주잠자리 애벌레

많은 사람들이 진화는 곧 긍정적인 발전이라고 생각한다.
하지만 모든 생물은 긍정적인 방향과 부정적인 방향 어느 쪽으로든
진화할 수 있다. 적극적인 생각은 더욱 적극적인 태도로, 소극적인
생각은 끝없는 소심함으로 진화해간다. 어떤 절대선*을 향해서
나아가는 게 아니라 생존에 유리한 방향을 찾아가는 것이 생물
세계의 진화다. 명주잠자리 애벌레가 살아남기 위해 택한 방법은
굶어죽더라도 작은 반경에 스스로를 가두어 안주하는 삶이다.

명주잠자리. 애벌레를 보고
어른벌레가 되었을 때의 모
습을 상상하기 힘들다.

깔때기 모양의 함정에 빠진 개미는 빠져나오려고 발버둥 치지만 그럴수록 아래로 미끄러진다. 이 개미지옥의 주인이자 개미의 저승사자는 일명 '개미귀신'이라고 불리는 명주잠자리 애벌레. 나름 지혜로운 생존방식이겠지만, 굶어 죽을지언정 나아가지 않고 무한정 기다리는 방법을 택한 명주잠자리 애벌레의 발톱과 다리 관절은 뒷걸음질 치는 데 편리하게 변했다. 소극적인 생존방식의 산물이다.

깔때기 함정으로 개미를 잡는다

고운 흙이 있는 산자락에 깔때기 모양으로 함정을 만들어 놓고 개미가 빠져들기를 기다리는 명주잠자리 애벌레. 함정에 빠진 개미는 발버둥 치며 탈출을 시도하지만 그럴수록 무너져 내리는 흙 때문에 빠져나갈 수 없다. 이 함정을 '개미지옥'이라고 한다. 명주잠자리 애벌레는 함정 속에서 마냥 기다리다가 지나

1 앞다리와 가운뎃다리는 약하고 뒷다리만 튼튼하다. 뒷다리의 발톱 방향이 다른 동물과 반대다. **2** 뒷걸음치면서 엉덩이를 휘둘러 깔때기 모양 함정을 만든다.

가던 개미가 말 그대로 '지옥'에 빠지면 순식간에 튀어나와 날카롭고 강한 턱으로 꽉 물고 들어가서는 체액을 빨아먹는다. 그리고 체액을 모두 뺏겨 홀쭉해진 개미 껍질을 집밖으로 멀리 내던진다.

명주잠자리 애벌레가 함정을 만드는 과정은 간단하고 빠르다. 고운 모래나 흙이 있고 개미가 많이 다니는 장소를 찾으면 꽁무니로 흙을 휘저으며 순식간에 파들어 간다. 이때 흘러내리는 흙은 머리로 퍼 올리듯 밀어내 깔끔한 깔때기 함정을 완성한다. 명주잠자리 애벌레는 함정 사냥을 하며 1~2년 간 자란 뒤 흙 속에서 번데기가 되었다가 6~10월에 어른벌레인 명주잠자리가 된다.

명주잠자리 애벌레는 한번 잡은 먹이를 놓치는 법이 없다. 넓은 땅 위에 파놓은 작은 함정에 개미가 기어가다가 빠질 확률이 얼마나 되겠는가? 사정이 이렇다 보니 필사적으로 먹이를 붙들 수밖에. 명주잠자리 애벌레는 함정이 물에 젖어 흙이 잘 무너져 내리지 않거나 오래 기다려도 먹이가 걸려들지 않으면 다른 곳으로 옮겨 새로운 함정을 만들기도 한다. 하지만 웬만해서는 이동하지 않아 굶어죽는 일도 많다.

1 집이면서 먹이를 잡기 위한 함정인 개미지옥. 개미들이 가장 많이 빠진다.
2~4 함정에 빠진 개미가 빠져나오려고 발버둥 치지만 고운 모래가 자꾸 무너져 내려 결국 더 깊이 빨려 들어간다.

그대로 보기/그들이 사는 법

죽기를 각오한 안주

충북 영월군 쌍용리의 낮은 산에는 개미지옥이 수없이 깔려 있다. 약아빠진 개미들은 깔때기 함정을 요리조리 잘도 피해 다녔다. 실족하듯 개미지옥에 빠진다면 끔찍한 일이겠지만 그런 일은 흔치 않다. 함정 속에 숨어 먹이를 기다리는 명주잠자리 애벌레들 대부분은 제대로 먹지 못해 굶어죽을 게 뻔하다.

개미지옥을 헤쳐 명주잠자리 애벌레 한 마리를 꺼내 들었다. 날카로운 큰턱이 유난히 도드라졌다. 땅에 내려놓으니 계속 뒷걸음질만 친다. 다시 잡아 뒤집어 다리를 살펴보니 동물들 대부분과 반대로 발톱이 앞을 향해 나 있고, 관절은 뒤쪽으로 꺾인다. 또 앞다리는 쓸모없이 작고 약하게 퇴화했다. 함정을 파 놓고 그 속에 들어가서 먹이를 기다리는 이 녀석은 사냥감을 찾아다니지 않으니 앞으로 나아갈 이유가 없다. 그러다 보니 다리와 발톱은 전진하는 기능이 떨어지고 뒷걸음만 잘 치도록 발달했다.

집이나 함정을 만드는 것이 고등한 생물의 행동인 것은 분명해, 명주잠자리 애벌레의 생존방식을 지혜롭다고 감탄하는 이들도 많다. 하지만 뒷걸음질 칠 수밖에 없는 운명은 왠지 안타깝다. 한 곳에서 마냥 먹이를 기다리며 굶어죽을지도 모를 위험을 감수한다니, 이렇게 어리석은 운명이 또 있을까.

　야생동물이 먹이를 사냥할 때 성공할 확률은 의외로 낮다. 최상위 포식자인 사자나 호랑이조차 사냥에 성공할 때보다 실패해 굶는 날이 더 많다. 그래서 명주잠자리 애벌레는 성공 확률이 낮은 사냥을 위해 체력을 소모하는 것보다 함정을 파 놓고 배고픔을 참으며 기다리는 것이 더 경제적이라고 생각한 것일까? 최소한 사냥을 나서지는 않더라도 몇 군데 함정을 만들고 걸려든 먹이를 수거하러 다니기라도 하면 좋으련만.

명주잠자리는 잠자리가 아니다

명주잠자리는 생김새가 잠자리와 비슷해서 잠자리로 오해받지만 사실은 풀잠자리 무리에 속한, 전혀 다른 곤충이다. 갖춘탈바꿈을 하는 풀잠자리 무리는 못갖춘탈바꿈을 하는 잠자리 무리와는 근본적으로 다르다. 잠자리들에게는 없는 번데기 과정을 거치기 때문이다. 둘 사이에 굳이 공통점을 찾자면 애벌레와 어른벌레 모두가 육식을 하고 이름에 '잠자리'라는 말이 붙었다는 것뿐이다.

128 벌레만도 못하다고?

명주잠자리의 친척들
1 뿔잠자리
2 대륙뱀잠자리
3 칠성풀잠자리붙이
4 사마귀붙이

뒷걸음질만 치는 것은 아니다

지금까지 우리나라에 보고된 명주잠자리과^{Myrmeleontidae}에는 두 아과, 알락명주잠자리아과^{Dendroleontinae}와 명주잠자리아과^{Myrmeleontinae}가 있다. 그 중 알락명주잠자리아과에서 1종, 명주잠자리아과의 일부만이 함정을 만들며 이들을 '개미귀신'이라고 부른다. 이들은 뒤로 기는 능력이 훨씬 발달했지만 그렇다고 앞으로 걷지 못하는 것은 아니며, 함정사냥법을 쓰지 않는 애벌레들은 앞으로도 잘 긴다.

명주잠자리 애벌레를 부르는 여러 이름들

명주잠자리 애벌레의 별명은 개미귀신이다. 개미지옥을 지키는, 또 개미를 죽음으로 이끄는 저승사자 같다는 의미에서 붙은 이름으로 보인다. 영어명인 'ant lions'를 직역한 것이라는 의견도 있지만 신빙성은 낮다. 중국에서는 의령^{蟻蛉} 또는 교령^{鮫蛉}이라고 부르며 각각 '개미 의'자와 '상어 교'자로 개미나 상어를 잡아먹는 무서운 잠자리라는 뜻이다. 그래도 명주잠자리의 특성을 가장 잘 나타낸 말은 북한 이름이 아닐까 싶다. 북한에서는 '맴맴이'라고 부르며, 이것은 '멀고도 지루하다'는 뜻의 맴맴^{莽莽}에서 온 것으로 본다. 명주잠자리 애벌레의 끈질긴 기다림을 제대로 표현한 듯해 흥미롭다.

노랑뿔잠자리. 명주잠자리와 함께 풀잠자리목에 속한다.

**눈앞의 한 걸음보다
인생의 긴 걸음을 생각하라**

판단보다 행동이
앞서는 길앞잡이

새로운 일을 계획하거나 중요한 일을 결정할 때 가장 필요한 것은 신중하고 확고한 판단이다. 성급한 마음에 일을 저지르고 뒷수습을 힘겹게 해나가는 꼴을 많이 본다. 머리의 판단 속도보다 발이 더 빠를 만큼 성급한 길앞잡이는 1초에 무려 2.5미터를 이동한다. 그러나 중간에 생각하고 방향을 바꾸는 일이 잦아 길게 보면 결코 멀리 나아가지 못하는 셈이다. 역시 속도는 처음이 아니라 나중에 내는 것이 좋다.

1 길앞잡이는 달리다 머뭇거리기를 반복한다. **2** 아이누길앞잡이. 가늘고 긴 다리로 빨리 달릴 수 있다.

1
2

'산행의 동반자' '길을 안내하는 곤충' '육식성 곤충의 대명사' '색동옷을 입은 사냥꾼' '가장 빠른 단거리 선수' '곤충세계의 카사노바'… 모두 길앞잡이를 묘사하는 말이다. 많은 수식어들이 말해주듯, 길앞잡이의 생태적 특성은 다양하다.

 길앞잡이 수컷의 짝짓기는 성급한 성격을 잘 보여준다. 그야말로 다짜고짜요 막무가내라서, 암컷의 허락도 없이 무작정 덮치는 치한인가 하면, 짝짓기하는 쌍을 보면 시비를 걸어 떼놓고 싸움을 벌이는 심술꾸러기인데다가, 자기와 짝짓기한 암컷이 다른 수컷을 넘보기라도 할까봐 몇 시간 동안이나 암컷을 물고 놓지 않는 의처증 환자다. 또 졸랑대듯 이 암컷 저 암컷에게 사랑을 구걸하는 줏대 없는 바람둥이기도 하다.

 산길에서 폴짝폴짝 앞서 날았다 앉았다 할 때는 마치 길을 안내하는 듯하고, 애벌레나 어른벌레 모두 다른 곤충을 노리는 포악한 사냥꾼임에도 틀림없다. 초록색과 빨간색이 어우러져

1 산길앞잡이. 임도 같은 산길에서 볼 수 있다. **2** 꼬마 길앞잡이 수컷은 암컷 목을 물고 짝짓기하며 짝짓기가 끝나도 놓아주질 않는다.

금속 광채를 내는 무늬는 꽤나 화려하다. 그리고 보니 별명들이 모두 제격이다.

발놀림이 빠른 보행충

그래도 길앞잡이의 가장 큰 특징을 꼽으라면 빠른 발놀림을 들고 싶다. 길앞잡이는 날기보다 잘 뛰는 쪽을 택한 곤충이다. 그런 곤충들을 보행충이라고 한다. 아무리 빨리 달려도 어찌 나는 것만 할까 싶겠지만 실제로 길앞잡이의 달리기는 대단하다. 호주에 사는 길앞잡이$^{Cicindela\ hudsoni,\ Cicindela\ eburneola}$로 실험한 자료에 따르면 1초에 무려 2.5미터, 사람으로 환산하면 시속 1천 킬로미터나 되는 무서운 속도로 이동한다니, 잘 날지 못하는 게 아쉬울 것 같지 않다. 길앞잡이는 넓은 산길이나 밭, 강가, 갯벌, 매립지 등 주변이 확 트인 곳에서 생활한다. 몸을 숨기거나 사냥감을 찾기에 잡풀이 우거진 곳이 더 좋을 듯하지만, 빠른 다리로 사냥하고 도망치는 길앞잡이가 생활하기에는 장애물이 없는 넓은 곳이 유리하다.

제부도로 가는 길에 오른쪽으로 빠져서 포도로 유명한 송산리를 지나 마산포구의 넓은 매립지에 이르면 수천 마리가 넘는 꼬마길앞잡이들을 만날 수 있다. 걸음을 옮길 때마다 물결 퍼

1 길앞잡이 애벌레가 사는 구멍. 입구 주변이 깨끗하다. **2** 꼬마길앞잡이 애벌레가 머리로 구멍을 막고 지나가는 개미를 기다린다.

지듯 쏜살같이 흩어지는 꼬마길앞잡이들을 잡으려고 이리저리 뛰어다녀 보지만 매번 허탕이다. 날아서 도망가기라도 하면 그러려니 하겠는데, 빠른 발로 1~2미터씩 도망가다 멈추는 꼬마길앞잡이들에게 실컷 놀림만 당하고 만다. 뛰어난 시력으로 위험을 감지하고 순식간에 1~2미터쯤 뛰어가는 길앞잡이의 발놀림을 인간의 눈이나 발걸음으로는 도저히 따라잡을 수가 없다. 그런데 조금 달렸다가 멈추고 또 달렸다가 멈추는 길앞잡이의 행동이 이상하다. 더 오래, 더 멀리 달려서 멀찌감치 사라지지 않고, 왜 놀리듯 찔끔찔끔 피하기만 하는 것일까?

'몸이 앞서는 사람'과 닮았다

각종 감각기관에서 받아들인 자극, 즉 정보는 신경을 통해 뇌로 전달되고 뇌는 정보를 종합하고 분석해 적절한 행동명령을 근육으로 보낸다. 길앞잡이도 위험을 감지하거나 사냥감을 포착하면 빠른 발로 도망치거나 사냥감을 쫓는다. 하지만 길앞잡이는 뇌의 판단과 신경의 전달 속도보다 발이 더 빠르다. 목표지점을 정하고 달려갔지만 아직 방향 전환을 위한 정보가 도달하지 않아 순간적으로 눈앞이 캄캄해지고 아무 행동도 할 수 없게 된다. 잠시 후 시각을 통한 감지와 뇌의 명령이 정상적으로 교

1 염전에 많은 무녀길앞잡이. 길앞잡이들은 바닷가나 물가에 많이 산다. **2** 북방길앞잡이. 서해 백령도에 산다.

환되면 다시 방향을 정하고 내달리다 멈칫거리기를 반복한다.

성급함은 간혹 강한 추진력으로 비춰지기도 하고 앞서가는 것처럼 보일 때도 있다. 그러나 일을 망치는 경우가 더 많다. 빠른 판단력과 행동이 요구되고 그에 적응해야 살아갈 수 있을 만큼 모든 것이 바쁘게 돌아가는 사회지만, 마음이 앞서 달려 나가다 매번 멈칫거리며 또다시 상황을 판단하고 목표수정을 반복한다면 서두른 보람이 없다. 일이 진행될수록 가속도가 붙고, 난관에 부딪쳐도 흔들림 없이 밀고 나가고, 길앞잡이처럼 정작 자신의 목표가 어디인지도 모르고 달려가는 일을 피하기 위해 필요한 것이 바로 신중하고 확고한 판단이다. 더딘 듯해도 그것이 서두름보다 **빠르다**.

길앞잡이 애벌레의 땅속 생활

길앞잡이 애벌레는 땅에 수직으로 굴을 파고 하늘을 향해 몸을 꼿꼿하게 세운 채 지낸다. 배가 고플 때는 굴 입구로 올라와 머리를 입구로 막고 작은 곤충이 지나가기를 기다린다. 먹이가 입구 근처에 오면 날카로운 큰턱으로 덥석 물고 굴속으로 들어간다.

길앞잡이 애벌레는 땅에 수직으로 굴을 파고 몸을 꼿꼿하게 세우고 지낸다.

**기대가 이어주는
삶의 연속성이 아름답다**

남가뢰의
확률 낮은 생존게임

종족 번식을 최고로 여기는 곤충 세계에서 남가뢰가 택한
방법은 '기회의 숫자 늘리기'다. 다른 곤충에 기생하며
대장정의 모험을 떠나야 하는 남가뢰는 종족 번식을 포기하지 않고
다산多産을 택했다. 부딪칠 엄두도 나지 않는 벽과 희망을
찾기 힘든 현실 속에서도 실낱같은 기대를 놓치지 않으려면
더 열심히 기회의 숫자를 늘려야 한다. 남가뢰의 확률 낮은
생존 가능성과 그러면서도 존속되는 삶이 놀랍다.

1 위험을 느끼면 다리 관절에서 독성물질이 나온다.
2 남가뢰를 잘못 만지면 손이 짓무른다.

로또. 많은 사람들이 희망을 갖고 기회의 숫자를 구입하지만 토요일이면 대부분 휴지 조각이 된다. 그런데도 사람들은 자신의 숫자가 당첨되지 않은 것에 그다지 실망하지 않는다. '복권은 확률을 모르는 이들이 내는 세금'이라는 말처럼 애초부터 당첨 가능성에 큰 기대를 걸지 않았기 때문인 듯하다. 남가뢰는 우리가 기대와 포기를 쉽게 하는 로또처럼 확률 낮은 가능성에 종족 번식이라는 중요한 일을 맡긴다. 하지만 포기를 감안한 것은 아니다.

배불뚝이 남가뢰

남가뢰는 생김새가 독특하다. 공상과학영화에 나오는 외계인이 두뇌가 발달해 머리만 커지고 손발이 작아진 것처럼, 가뢰는 먹고 알 낳는 일에만 열중해 배가 커졌고 날개는 쓸모없이 퇴화했다. 온 몸이 남색으로 단조롭고 삼각형 꼴 작은 머리에

1 먹가뢰 애벌레는 메뚜기의 알에 기생하는 것으로 알려졌다. **2** 짝짓기하는 남가뢰. 남가뢰 애벌레들은 꽃에 날아오는 여러 종류의 벌에 빌붙어 산다.

더듬이 마디는 동글동글한 구슬처럼 생겼다. 몸은 흐물흐물해 자칫하면 터질 것 같고, 위험을 느낄 때 다리 관절에서 내뿜는 방어물질 칸타리딘^{cantharidin}은 피부를 짓무르게 하기 때문에 만지기가 꺼려진다.

혐오스런 생김새와 독 때문에 천적의 공격으로부터 안전해진 남가뢰는 먹는 일에만 열심이고, 먹는 만큼 알도 많이 낳는다. 한 번에 2천 개 이상, 한 해에 다섯 번쯤 알을 낳으니 암컷 한 마리가 한 해에 1만 개가 넘는 알을 낳는 셈이다.

꽃에 오는 벌에게 빌붙어 살기

땅속에 낳은 알은 봄에서 여름 사이에 부화해 1령齡, 애벌레의 나이를 세는 단위, 허물을 한번 벗으며 클 때마다 1령, 2령, 3령 식으로 붙인다 애벌레가 된다. 1령 애벌레는 땅 위로 기어 나와 주변에 있는 꽃을 찾아 기어오른다. 이때부터 꽃술에 앉아 벌이 나타나기만 기다리다가 꿀과 꽃가루를 모으기 위해 찾아온 벌 다리에 매달려 벌집으로 옮겨간다.

벌집에 도착한 1령 애벌레는 우선 벌이 낳아놓은 알을 먹어 치운 뒤 2령 애벌레가 된다. 이때부터 5령 애벌레가 될 때까지 벌이 저장해 놓은 꽃가루를 먹으며 자라다가 갑자기 식성

1 다리관절에서 독물질을 뿜는 애남가뢰 **2** 콩과 식물의 잎을 먹으며 짝짓기하는 청가뢰. 애벌레가 풍뎅이 애벌레에 기생하는 것으로 알려졌다.

을 바꿔 벌 애벌레를 잡아먹고 거짓번데기라고도 하는 의용擬蛹 pseudopupa이 된다. 이 상태로 여름잠을 잔 뒤 6령과 7령 애벌레를 거쳐 진짜 번데기가 되고 어른벌레가 된다.

우연에 목숨 거는 남가뢰

이처럼 복잡한 과정을 거치며 다른 생물에 빌붙어 사는 '기생'은 고도로 발달한 생존 원리지만 남가뢰의 경우는 예외다. 우연과 행운에 너무나 많은 부분을 의존하기 때문이다. 알에서 깨어난 애벌레는 타고난 본능으로 주변의 꽃을 찾아 기어오르고 그 꽃에 날아든 곤충의 다리에 무작정 매달린다. 하지만 꿀을 빨기 위해 꽃에 날아드는 곤충이 어찌 벌뿐이겠는가? 파리나 등에, 나비, 나방, 하늘소도 꽃에 날아오는데, 이런 곤충들에도 매달린다는 게 문제다. 집도 없는 곤충의 다리에 매달리면 그대로 죽게 되고 엉뚱한 곤충의 집으로 옮겨지면 굶어 죽거나 오히려 그 곤충의 먹이가 되고 만다. 자신이 앉아 있는 꽃에 벌이 날아올 확률도 희박하지만 벌의 다리에 매달리고 또 그 집으로 무사히 운반될 가능성은 더욱 낮다.

드넓은 자연에서 이처럼 불확실성에 의존해 산다는 것은 어쩌면 무모한 일이다. 행운 같은 기회를 잡아 어른이 되는 남가

둥글목남가뢰를 공격하는 홍날개. 홍날개는 가뢰의 독 물질에 내성을 지닌 듯하다.

뢰는 몇이나 될까? 터무니없어 보이는 번식 가능성에 기대를 거는 남가뢰 암컷의 심정은 또 어떨까? 그래도 암컷이 포기를 택하지 않고 다산을 택한 것이 놀랍다. 부딪칠 엄두도 나지 않는 벽과 희망을 찾기 힘든 현실 속에서도 실낱같은 기대를 저버리지 않는 근성, 그것이 이어주는 삶의 연속성이 아름답다.

가뢰가 뿜는 독성물질

옛날에는 가뢰에서 칸타라딘을 추출해 성병의 치료약으로도 썼으며 유럽에서는 신장병 치료제나 자살용 극약으로 썼고, 동양에서는 가뢰를 뜨거운 물에 담가 죽인 후 말려서 찹쌀과 볶아[반묘, 班猫] 피부염이나 요도 결석 제거에도 썼다. 최근에는 발포제나 자극이뇨제, 수포성 피부염 등에 효과를 내는 칸타리디스[cantharides]를 제조해 의약제로 쓰고 있다.

지나친탈바꿈
과변태, 過變態, hypermetaboly

알-애벌레-번데기-어른벌레의 갖춘탈바꿈 과정에서 애벌레 시기에 가뢰처럼 먹이 습성이나 형태 등 체제의 바뀜을 한 번 더 겪는 탈바꿈을 지나친탈바꿈[과탈바꿈]이라 한다.

다른 생물에 빌붙어 사는 가뢰

딱정벌레목 가뢰과에 속한 곤충들은 탈바꿈 과정이 특이하고, 모두 다른 곤충에 빌붙어 사는[기생] 특성이 있다. 남가뢰나 둥글목남가뢰처럼 꽃에 오는 벌들에게 의존하는 종에서부터 풍뎅이류 애벌레에 기생하는 청가뢰, 메뚜기류 애벌레에 기생하는 먹가뢰도 있다. 이밖에도 황가뢰, 네눈박이가뢰 등 20여 종이 기록되어 있으며 모두 특정한 생물에 기생할 것으로 생각되지만 생태가 밝혀지지 않은 종이 많다.

**흉내 내며 살지만
비굴하진 않다**

등에, 벌처럼 보여야
살아남는다

등에는 벌의 생김새를 의태해 위험으로부터 자신을 보호하지만
비굴해 보이지 않는다. 그의 의태는 우상을 맹목적으로
따라 하는 모방이 아니라 사회적 약자가 선택한 필생의 전략이기
때문이다. 그렇게 해서라도 살아남으려는 노력이 안쓰럽지만
최선을 다하려는 삶이기에 아름답다. 동경이 불러낸 허세가 모방을
만든다면 그 책임은 모두에게 있다. 벌이 있는 곳에서나
등에의 전략이 먹히는 것처럼 말이다.

호박벌이나 뒤영벌을 흉내
내는 꽃등에들도 있다.

꽃 난장이 펼쳐진 곳이라면 어김없이 곤충들이 몰려든다. 나비와 꽃무지, 벌, 파리, 하늘소 등 꽃가루나 꿀을 즐겨먹는 곤충들이다. 꽃술에 머리를 푹 처박고는 아무것도 신경 쓰지 않고 꽃가루를 먹는 꽃무지와 하늘소, 거리낌 없이 이 꽃 저 꽃 옮겨다니며 꿀을 빨고 꽃가루를 모으는 벌, 멋진 자태를 뽐내며 날아다니는 나비, 모두가 당당해 보이는 꽃 잔치에 쭈뼛쭈뼛 눈치 보듯 조심스럽게 꽃가루를 모으는 등에가 있다.

벌을 흉내 내는 등에

벌과 파리를 잘 구별하지 못하는 이가 의외로 많다. 벌은 침이 있어 위험하고 파리는 병을 옮겨 지저분하다고 여기니, 둘 다 멀리하면 그만인 대상을 굳이 구별할 필요가 없기 때문일지도 모르겠다.

벌과 파리를 구별하는 가장 쉬운 방법은 날개가 한 쌍인지

1 꼬마꽃등에도 땅벌로 보이길 바란다. **2** 꿀벌처럼 보이는 꽃등에. 꿀벌을 흉내 내는 꽃등에들이 가장 많다.

두 쌍인지를 살피는 것이다. 앞뒤로 날개가 두 쌍 있는 벌과 달리 파리는 날개가 한 쌍밖에 없다. 파리 무리를 한자로 쌍시목雙翅目이라고 부르는 것도 그 때문이다. 벌은 침이나 강한 턱 같은 무기가 있고, 파리는 별다른 무기가 없다는 점도 큰 차이다.

등에는 파리 무리에 속한 곤충이다. 자세히 관찰하지 않으면 벌과 등에를 구별하기란 쉽지 않다. 벌이 아닌 것 같다는 생각이 들어도 혹시나 싶어 피하고 만다. 야생의 천적들에게도 등에가 벌로 보이는 것은 마찬가지다. 이처럼 무서운 벌처럼 보여 적의 공격을 미리 피하는 것이 바로 등에의 생존전략이다.

모방과 의태는 다르다

등에의 '벌 흉내 내기'처럼 동물이 다른 동물이나 주변의 물체와 비슷하게 위장하는 것을 의태擬態, mimicry라고 한다. 의태에는 두 가지 종류가 있다. 하나는 주변 환경의 색깔과 모양을 비슷하게 흉내 내 눈에 띄지 않게 하는 은폐의태이고, 또 하나는 독침이나, 악취, 강력한 무기를 가진 동물을 흉내 내어 자신을 더욱 과대 포장하는 경계의태다. 등에의 벌 흉내 내기가 바로 경계의태에 속한다. 나는 치명적인 무기가 있으니 함부로 공격하지 말라고 큰소리치는 격이다.

1 호리꽃등에. 작고 갸름한 꽃등에들은 대부분 땅벌을 의태한 것이다. **2** 양지꽃에서 꿀을 빠는 수중다리꽃등에류. 꿀벌을 닮았다.

의태와 모방은 둘 다 어떤 것을 흉내 내는 행위로 창조와는 반대되는 말이지만 동기는 서로 다르다. 예술가가 훌륭한 작품을 본뜨거나 대중이 유명 연예인의 스타일을 따라하는 것뿐 아니라 힘없는 사람이 센 척, 돈 없는 사람이 있는 척, 능력 없는 사람이 잘난 척하는 것도 모방의 범주에 든다. 모방이 발전해 창조의 씨앗이 되기도 하지만 동경심에서 비롯된 맹목적인 따라 하기에 그치는 경우가 대부분이다. 하지만 의태는 약자가 찾아낸 필생의 전략으로, 허세가 없고 동경심에서 우러나온 것도 아니다.

'하룻강아지 범 무서운 줄 모른다.'는 말이 있다. 입맛을 다시는 호랑이 앞에서 재롱부리는 강아지. 긴장된 순간이겠지만 상상하는 건 재미있다. 속담의 의미야 다르지만 호랑이의 포악함을 경험하지 못한 강아지가 제아무리 위엄 있는 호랑이라 한들 무서워할 이유가 없다. 위험과 안전, 이로움과 해로움은 경험을 통한 학습으로 알게 되기 때문이다. 마찬가지로 등에가 무서운 벌을 흉내 낸들 어떤 장소에서나 먹혀들진 않는다. 벌을 공격했다가 따끔한 맛을 본 천적이 있는 곳에서만 가능한 일이다.

동경이 불러낸 허세가 모방을 만든다면 그 책임은 모두에게 있다. 벌이 있는 곳에서나 등에의 전략이 먹히는 것처럼 말이다.

1 육점박이대모꽃등에도 벌을 흉내 낸 듯하지만 어설프다. **2** 가로무늬꽃등에는 땅벌을 흉내 냈다.

벌처럼
보이려는
곤충들

꽃등에뿐 아니라 하늘소 중에도 벌을 흉내 내는 종류가 많다. 침이 있고 사회생활을 하며 집단으로 적에게 대항하거나 공격할 수 있는 벌 무리는 많은 곤충들에게 선망의 대상인 듯하다. 벌을 흉내 내는 곤충들은 더듬이를 계속 흔들거나 발발거리는 등 행동까지도 벌을 따라 할 때가 많다.

벌과
파리의
차이

개미는 벌이다. 왜일까? 허리가 잘록하기 때문이다. 벌 중에서도 가장 원시적인 무리인 잎벌아목은 허리가 굵지만 벌 무리의 대부분을 차지하는 벌아목은 모두 허리가 가늘다. 모기는 파리다. 날개가 한 쌍만 있기 때문이다. 파리 무리는 뒷날개가 퇴화해 성냥개비 모양의 작은 평균곤으로 변했다. 평균곤은 자이로스코프처럼 비행을 위한 평형감각기관 역할을 한다.

쌍살벌을 닮은 기생파리류.
파리들 역시 다양한 벌을
흉내 낸다.

그대로 보기/그들이 사는 법

"힘을 내요.
상처는 치유하면 되잖아요"

작은 것을 내어주고
목숨을 지키는 나비

나비의 날개는 윗면과 아랫면이 동전의 양면처럼 다르다.
화려한 윗면으로 짝을 유혹하고 칙칙한 아랫면으로 몸을 감춘다.
극단적인 생존의 양면성이 얇디얇은 날개에 깃들어 있는 것이다.
천적으로부터 살아남기 위한 기발한 전략도 이 날개에 숨어 있다.
위장과 은폐, 기만술까지 다양한 방법을 동원하지만 나비 중에서도
가장 힘없고 작은 부전나비들은 보기에도 안쓰러운 방법을 택했다.
바로 날개의 일부를 내어주고 목숨을 건지는 방법이다.

산녹색부전나비. 날개를 펴
면 아름다운 빛깔이지만 아
랫면은 적을 속이기 위한
빛깔과 무늬를 띤다.

그대로 보기/그들이 사는 법

아름다운 나비들에게도 슬픈 사연이 있다. 대부분 식물을 먹는 1차 소비자인 나비들에게는 포식성 곤충들, 파충류와 새들에 이르기까지 자연의 수많은 동물들이 천적이다. 이들의 공격으로부터 살아남으려는 노력은 기발하기도 하고 안쓰럽기도 하다. 하지만 그들의 치열한 생존전략에서 때때로 위로를 받는다.

생존의 양면성을 보여주는 날개

나비는 대부분 날개 윗면과 아랫면 색이 다르다. 아랫면은 어둡고 윗면은 화려한 나비의 날개. 그것은 화려한 색으로 짝도 유혹해야 하고, 주위환경과 비슷한 무늬나 색으로 무서운 천적도 피해야 하는 생존의 양면성을 극단적으로 상징한다.

화려한 윗면과 어둡고 칙칙한 아랫면이 특징인 나비들은 네발나비과에 많다. 산네발나비, 청띠신선나비 등은 날개를 접고

1 날개를 뜯긴 범부전나비. 날개는 상처를 입었지만 목숨에는 지장 없다. **2** 귤빛부전나비는 겁이 많아 새벽녘이나 저녁 무렵에 활동하며 낮에는 그늘에서 숨어 지낸다.

164 벌레만도 못하다고?

앉아 있을 때 바위나 낙엽, 나무껍질과 구별되지 않을 만큼 위장술이 뛰어나다. 이들은 적이 가까이 다가오면 갑자기 날개를 활짝 펴서 적이 깜짝 놀라 머뭇거리는 사이에 날아서 도망가기도 하고, 되레 겁을 줘 적이 도망치게도 한다.

꼬리를 머리처럼 보이려는 부전나비들

날개를 이용해 위험을 피하는 나비들의 생존전략이 신비롭지만 그 중에서도 작고 연약한 부전나비들의 위장술에 마음이 쓰인다. 부전나비들은 꼬리를 머리처럼 보이게 해서 적을 속인다. 많은 부전나비들의 뒷날개에는 꼬리 모양 돌기와 점이 있어서 마치 눈과 주둥이가 있는 머리처럼 보인다. 또 앉아 있을 때 날개를 조금씩 비비면 꼬리 모양 돌기가 더듬이 움직이는 것처럼 보인다.

뒷날개 끝부분이 삼각형으로 잘려나간 부전나비들이 가끔 눈에 띄는데, 이는 새 부리에 쪼인 흔적이다. 한 번의 공격으로 먹잇감을 제압하려고 나비 머리를 쫀 새는 실제로는 엉뚱한 뒷날개만 물어뜯고 그 사이 부전나비는 도망칠 수 있다. 날개가 좀 뜯긴다 해도 몸통이나 머리가 상하지 않는 한 생명에는 지장이 없기 때문에 피해가 덜한 날개 뒤쪽으로 공격을 유도한

1 낮에 나뭇잎 그늘에서 쉬는 담색긴꼬리부전나비. 붉은 무늬와 꼬리 모양 돌기가 있는 날개 쪽이 더 눈에 띈다. **2** 범부전나비 날개의 줄무늬는 날개 뒤쪽으로 시선을 이끈다.

다. '날개가 좀 뜯긴다고 죽는 건 아니잖아?' 천적에게서 완벽하게 몸을 숨기기는 어렵지만, 이처럼 부전나비들은 자기가 내어줄 수 있는 최소한을 희생해 소중한 생명을 지킨다.

살다 보면 뜻하지 않은 일과 상처로 긴 슬럼프에 빠지기도 하고 좀처럼 헤어나지 못할 만큼 괴로울 때가 있다. 하지만 우리는 상처를 이겨내면서 강해지는 자신을 발견하고 더 험한 일과 맞서 싸울 자신감을 얻기도 한다. 조금은 지치고 힘겨워질 때 부전나비들의 속삭임에 한번쯤 귀 기울여 보라.

"힘을 내세요. 상처는 치유하면 되잖아요."

뱀눈나비의 눈알 무늬

날개에 눈알처럼 둥근 무늬가 있는 뱀눈나비들도 부전나비와 같은 전략을 쓴다. 천적들은 눈이 있는 곳이 머리라고 여기는 습성이 있어 눈알 무늬가 있는 날개 바깥쪽을 공격한다.

1 꼬마까마귀부전나비. 까마귀부전나비들도 꼬리 모양 돌기가 있다. **2** 시가도귤빛부전나비는 날개 무늬가 시내지도의 블록 같다고 '시가도'라는 이름이 붙었다. **3** 쌍꼬리부전나비는 꼬리 모양 돌기가 두 쌍이나 있다.

**조바심 내나 맘 편히 먹나
결과는 같아!**

거위벌레의 안달과
바구미의 배짱

5월. 참나무 여린 잎이 제법 넓적해지면 거위벌레들은 알집을
만드느라 부산하고, 바구미들은 풀줄기마다 매달려
짝짓기한다. 두 종류 모두 꼼짝 않고 버티거나 죽은 척하는 데는
한 가닥 하는 녀석들이다. 그런데 둘의 복지부동은 성격이
조금 다르다. 거위벌레가 '걱정이 태산'인 '안달 형'이라면,
바구미는 '배 째라' 식의 '배짱 형'이다. 거위벌레 같은
성격을 타고난 나는 바구미처럼 살아보고 싶다.

느릅나무혹거위벌레가 모시풀 잎에 알을 낳고 돌돌 말아 알집을 만들었다.

벌레만도 못하다고?

곤충을 관찰하는 사람들은 무서울 정도로 포기를 모른다. 나비를 쫓아서 낮은 산등성이 한두 개쯤은 넘나들기 일쑤이고, 나무꼭대기에 올라앉은 곤충이 땅 가까이 내려올 때까지 몇 시간이고 기다린다. 이런 사람들조차 너무나 쉽게 포기하는 때가 있다. 바로 곤충이 땅에 떨어졌을 때다. 여럿이 산에 가면 "에잇, 땅에 떨어졌어. 가자." 이런 말이 한두 번쯤은 나온다. 분명 나무 밑 좁은 반경 안에 있을 텐데, 흙이나 풀 색깔과 비슷하고 크기도 작으며, 거기다가 다리를 바짝 움츠리고 죽은 척까지 하니 진즉에 포기할 일이다. 거위벌레와 바구미도 꼼짝 않고 버티거나 죽은 척하는 데는 한 가닥 하는 녀석들이다. 그런데 둘의 복지부동은 성격이 조금 다르다.

왕거위벌레의 괜한 조바심

왕거위벌레가 몸을 곤추세우고 한순간도 흐트러짐 없이 먼 산

1 알집이 매달린 참나무 높은 곳에서 망을 보고 있는 왕거위벌레 **2** 왕거위벌레의 경계심은 유난하다.

을 바라보는 모습은 마치 득도한 도인 같다. 눈앞의 왕거위벌레를 관찰한 지 서너 시간은 된 듯한데, 도무지 움직이지를 않는다. 녀석은 방금 자신이 낳은 알이 해를 입을까 걱정하며 지키는 중이다. 왕거위벌레가 집짓는 과정을 보면 지금의 조바심이 이해된다. 작은 곤충의 솜씨라고는 여겨지지 않는 뛰어난 기술과 정성으로 알집을 만들기 때문이다.

왕거위벌레 암컷은 참나무 잎에 알을 낳고 돌돌 말아 알집을 만든다. 마치 가위로 옷감을 재단하듯 기막힌 솜씨로 잎을 자르고, 접착제나 너비를 가늠할 도구도 없으면서 정교하고도 튼튼한 알집을 만든다. 처음에는 나뭇잎 아래위를 오락가락하며 어디서부터 얼마나 자르고 접을지를 측량한다. 때로는 한 시간 넘게 걸릴 만큼 신중하다. 측량이 끝나면 주맥잎 가운데 굵은 잎맥을 중심으로 좌우 대칭되게 V자로 자른다. 그리고는 주맥을 반쯤 끊어 수분이 전달되는 것을 막고, 잎이 조금 시들기를 기다린다. 수분을 가득 머금은 탱탱한 잎은 자유자재로 접고 말아 올리기가 쉽지 않기 때문이다. 잎이 시들면 주맥을 중심으로 반으로 접고 끝을 조금 말아 올린다. 이때 더도 덜도 아닌 알 한 개를 낳는다. 그 다음 밑에서부터 담요를 말듯 잎을 돌돌 말아 올리고, 통통하게 만 잎을 입으로 차곡차곡 여며 풀리지 않게 한다.

1 분홍거위벌레가 마디풀 종류에 알집을 만들기 시작했다. 종마다 좋아하는 잎이 다르다. **2** 느릅나무혹거위벌레가 모시풀에 낳은 알

오랜 시간 집짓기와 산란이 반복되면서 참나무에는 알집들이 대롱대롱 매달린다. 하지만 거위벌레의 노력은 여기서 끝나지 않는다. 알을 모두 낳은 뒤 전망 좋은 곳에 자리 잡고 앉아 안 그래도 긴 목을 쭉 빼고 망을 보기 시작한다. 누군가 방해하지 않는다면 알이 깨어날 때까지 꼼짝 않는다. 집 짓던 정성을 생각하면 유난스럽다 하기가 뭣하지만 막상 위험이 닥쳤을 때를 보면 어이없다. 그리 조바심 내며 알을 지켰으면 누군가 해치려 들 때 막아서기라도 해야 될 텐데, 기껏 하는 짓이라고는 땅으로 툭 떨어져 웅크리고 죽은 척하기이니 말이다. '그럴 거였으면서 대체 왜 그랬니?'

바구미의 죽기 아니면 까무러치기

죽은 동물을 먹지 않는 새의 습성을 이용해 죽은 척하는 것을 의사擬死, death mimicry 행동이라고 한다. '나는 죽어서 맛이 없으니 공격하지 말라'는 뜻으로, 의식이 있는 상태에서 일부러 하는 행동이다. 새가 잠시라도 방심하면 그 틈에 도망치려는 의도다.

아무리 죽은 척했다 한들 천적인 새가 금방이라도 잡아먹을 기세로 뚫어져라 쳐다보고 있다면 살벌한 상황이다. 몸을 바짝 웅크리고 있지만 정신은 똑바로 차려 도망칠 틈을 노려야 한

1 노란배거위벌레는 싸리나 아까시 같은 콩과 식물 잎에 알집을 만든다. **2** 기절했던 혹바구미가 다리를 부르르 떨며 깨어나고 있다.

다. 그런데 바구미의 의사행동은 다르다. 목숨이 위태로운 상황에서 바구미는 일부러 죽은 척하는 것이 아니라 진짜 기절해 버린다. 말 그대로 '죽기 아니면 까무러치기'라는 식이다. 자극의 강도에 따라 다르지만 짧게는 2~3분, 길게는 1시간 넘게도 기절한다. 죽을지도 모르는 순간에! 참 속편한 녀석들이다.

실제로 까무러치는 바구미

많은 딱정벌레들이 위험이 닥쳤을 때 땅으로 떨어져 다리를 오므리고 죽은 척한다. 잠시 천적을 어리둥절하게 한 뒤 기회를 엿봐 도망치기 위해 일부러 죽은 척하는 것이다. 그런데 바구미는 실제로 까무러쳐 의식이 없는 상태가 된다. 이것은 갑작스러운 자극에 대한 반사행동으로, 신경세포에서 나온 긴 돌기인 거대축색巨大軸索, giant axon에 의한 순간적인 반응으로 보는 견해가 많다. 신경이 흥분을 전달하는 속도는 신경섬유의 굵기에 비례하므로, 가장 굵은 거대축색이 결합뉴런신경계의 기능적 기본구성단위인 뉴런(neuron) 중 각종 감각뉴런과 운동뉴런에 복합적으로 결합된 뉴런과 연결되어 위험 신호에 대한 반사행동을 빠르게 할 수 있도록 하는 것이다.

1 가까이 다가가자 기절해 밑으로 떨어지던 바구미가 나뭇잎에 걸렸다. **2** 왕바구미. 바구미들은 다른 곤충들이 일부러 죽은 척하는 것과 달리 실제로 까무러친다.

1
2

**떼어 버릴 수 없으면
익숙해지기**

바퀴
퇴치법

바퀴는 생김새에 별다른 변화 없이 4억 년 넘게 후세를 이어온
'살아 있는 화석'이다. 한 번의 짝짓기를 통해 일생 동안 수많은 알을
낳는 바퀴의 번식력은 인간의 박멸 의지를 무색케 한다.
그러나 바퀴 자체가 병원균을 발생시키는 것은 아니다. 부패한
음식물이나 감염된 경로를 이동하다 몸에 붙은 병원균을 저도
모르고 옮길 뿐이다. 도저히 함께 살 수 없다면 청소를 자주 하고
집안 온도를 낮춰 옆집으로 보내는 것이 상책이다.

산바퀴는 숲의 바닥이나 낙엽 속에 산다.

벌써 10년쯤 전, 해충박멸 전문업체의 홈페이지 게시판이 인기를 끌었다. 소문을 듣고 찾아가 보니 운영자의 성실함과 재치로 많은 팬을 확보하고 있었다. "우리 집에 골치 아픈 벌레가 있어요. 밥만 먹고 나면 누워 빈둥대고 덩치도 커서 발로 걷어차도 꿈쩍 않고… 이 식충이를 어쩌면 좋죠?" 하는 주부의 애교 섞인 질문에 "그런 해충은 저희도 어쩌지 못합니다. 바퀴보다도 박멸하기 힘든 무서운 벌레입니다. 운명으로 받아들이세요."라며 재치 있게 맞장구를 친다.

 '진짜 벌레'에 관한 이용자들의 질문은 대부분 바퀴에 관한 것이었고, 회사의 주력 분야도 바퀴 퇴치로 보였다. 퇴치는 가능하겠지만 박멸은 정말 어려운 대상이 바퀴이므로 이 회사가 고갈되지 않을 좋은 사업 아이템을 가졌다고 생각했다. 역시나, 이후로 꾸준히 성장해 요즘은 요식업계의 위생관리 업체로 TV 광고까지 한다.

1 알집을 매달고 있는 집바퀴. 알집을 갖고 다니다가 알이 깰 무렵 안전한 곳에 떼어 놓는다. 실내나 실외 어디에나 산다. **2** 갑옷바퀴. 높은 산 썩은 나무속에 사는 바퀴로 날개가 전혀 없다. 새끼와 어미가 함께 생활하는 독특한 바퀴다.

세포분열에 가까운 번식력

바퀴의 강한 번식력은 인간의 끈질긴 박멸 의지를 무색케 한다. 바퀴의 생태와 그 번식 과정을 알고 나면, '이 지저분한 녀석들을 어떻게 몰아낼까?' 고민하는 것이 얼마나 무의미한 일인지 깨닫게 된다.

짝짓기를 끝낸 바퀴 암컷에게는 알집이 생긴다. 짝짓기 한 번으로 암컷은 일생에 걸쳐 알집을 여러 개 생산하며, 알집 하나에는 종에 따라 적게는 10개에서 많게는 120개나 알이 들어 있다. 또 암컷은 알이 무사히 깰 수 있도록 알집을 몸속에 지니고 있거나 매달고 다니다가 알이 깨기 직전에 떨어트리기도 하고, 알집을 다른 물체에 붙이고는 눈에 띄지 않도록 위장해 놓아 부화성공률을 높인다. 그러니 짝짓기한 암컷을 모두 박멸하지 않는 한 세포분열에 가까운 바퀴의 번식을 막아내기란 힘들다.

따뜻하고 습한 열대 및 아열대 지역이 고향인 바퀴는 수출입 원목의 운송경로를 통해 전 세계로 확산되었다. 바퀴가 새로운 환경에 적응하는 과정에서 항상 일정한 온도가 유지되는 주택을 생활 터전으로 삼은 것은 당연한 일일지 모른다. 게다가 바퀴는 동식물, 부패물 등을 가리지 않고 먹어치우는 잡식성이므

1 산바퀴 약충 못갖춘탈바꿈 곤충의 애벌레은 썩은 나무나 낙엽 층에서 많이 발견된다.

2 집바퀴 암컷. 집에서보다 숲의 나무진이나 썩은 나무에 더 많다.

로 음식 쓰레기가 많은 집안 환경도 바퀴를 끌어들이는 데 큰 몫을 한다.

깨끗하고 춥게 살면 옆집으로 간다

근대화가 시작되던 과거에는 바퀴를 '돈벌레'라고 부르기도 했다. 이는 대부분이 춥고 가난하게 살던 시절, 여유가 많아 겨울에도 집안이 따뜻하고 먹을 것이 넘치는 집에서만 바퀴가 발견되었기 때문이다. 요즘은 많은 가정에서 겨울에도 반팔 옷을 입고 지낼 만큼 난방을 하고 주택의 단열 효과도 높아 바퀴의 출몰이 잦다. 또 아파트나 연립주택처럼 여러 세대가 한 건물에 모여 사는 구조라면 배수구를 통해 바퀴가 이 집 저 집 옮겨 다니며 서식처를 확장할 수 있다.

밤마다 기어 나와 놀라게 하는 끔찍한 바퀴를 어떻게 박멸할 수 있는지 물어오는 사람이 많다. 약국에서 붙이거나 뿌리는 살충제를 사서 써 본 경험은 거의가 갖고 있고, 어찌 해도 줄지 않는 바퀴를 이미 포기한 경우도 있다. 나 또한 바퀴 박멸에 관한 묘안은 없어 그저 "다른 집보다 춥게 사는 것이 최선인 것 같아요."라고 말해줄 뿐이다. 4억 년이나 번성하며 괴력에 가까운 적응력을 길러온 바퀴를 박멸하려 애쓰기보다는 차라리 집

안을 춥게 해 '살기 좋은 옆집'으로 보내버리는 얌체 같은 전략이 더 현실적일 것이라는 조언 같지 않은 조언이다.

혐오스러운 생김새와 습성 때문에 아무래도 바퀴를 좋게 봐주기는 어렵다. 그러나 바퀴 자체가 병원균을 발생시키는 것은 아니므로 너무 미워하지는 말자. 바퀴는 왕성한 활동과 잡식하는 성격 때문에 부패한 음식물이나 감염된 경로를 이동하다 몸에 붙은 병원균을 저도 모르고 옮기는 위생상의 해충일 뿐이다. 만일 갑자기 집에 바퀴가 많아졌다 싶으면 먼저 자신을 돌아볼 일이다. '청소한 게 언제더라?' 기억이 가물가물하다면 잘못은 바퀴가 아니라 당신에게 있다.

집 밖에 사는
바퀴가
더 많다

바퀴는 전 세계적으로 4천여 종에 달할 만큼 다양하고 낙엽 밑, 썩은 나무속, 동굴 등에서 주로 살며 낮에 활동하는 주행성 바퀴가 많다. 전체 바퀴 중 1퍼센트 미만인 30여 종만이 집안에 사는 야행성이며, 병원균을 옮기는 위생 해충이다.

**삶과 죽음이 공존하는
가을 연못**

가을 하늘의
주인공 잠자리

가을 하늘을 수놓는 잠자리들은 대를 이을 알을 낳고는 연못 위로
떨어진다. 물속 곤충들은 수면에 뜬 잠자리 사체를 먹으며
겨울을 날 에너지를 비축한다. 이듬해 알에서 깬 잠자리 애벌레는
어미 몸을 뜯어 먹었던 물속곤충들을 잡아먹으며 어른이 된다.
순환이 자연의 원리임을 잘 아는 연못은 이처럼 먹고 먹히는 야생을
품에 안고도 동요하지 않는다. 그저 치열한 생존 경쟁을 잠시
잊으라고 수온을 낮춰 물속 곤충들을 겨울잠으로 인도할 뿐이다.

좀잠자리들은 한여름 더위를 피해 기온이 낮은 산꼭대기로 옮겨간다.

겨울에 바짝 다가섰다. 까닭 없이 허탈하고 우울한 '가을 같은 행동'이 또 시작될까 걱정이다. 혼자 있거나 감성을 자극하는 음악은 피할 일이다. 논두렁 모퉁이, 가끔 얼굴을 비춰 보기도 하고 돌을 던지며 화풀이도 하던 연못가에 앉았다. 제멋대로 지나가는 해와 달, 구름을 품었다가 미련 없이 보낼 줄 아는 연못은 가슴 속에 찌꺼기처럼 쌓인 속 얘기를 털어내고 싶을 때나 남모를 힘겨움에 지쳐갈 때, 세상사에 심드렁해진 모습이나 주절주절 풀어놓는 헛말도 내색 않고 받아준다. 그렇게 무엇이든 품었다가 미련 없이 보내는 수면 아래에는 연못의 넓은 가슴으로 끌어안은 또 하나의 세상, 물속 곤충의 세계가 있다.

잠자리의 한살이

연못에는 소금쟁이, 물장군 같은 물속 노린재나 물방개, 물땡땡이 같은 물속 딱정벌레들도 살지만 연못을 대표하는 곤충은

1 무더운 여름 고추좀잠자리가 햇볕을 덜 받으려고 배를 높이 치켜세우고 있다. **2** 초가을 산에서 내려온 두점박이좀잠자리가 짝짓기하고 있다.

역시 잠자리다. 잠자리는 무리의 일부가 아닌, 무리의 모든 종이 일생의 한 시기를 물속에서 생활하기 때문이다. 잠자리는 또 번데기를 거치지 않고 애벌레에서 바로 날개가 돋아나 어른벌레가 되는 못갖춘탈바꿈 곤충이다. 잠자리는 애벌레 상태로 물속에서 겨울을 나며, 이듬해 봄부터 여름에 이르는 사이에 물풀을 타고 올라와 허물을 벗고 하늘로 날아오른다.

잠자리가 알 상태일 때나 애벌레 초기일 때는 물속 동물들의 먹이가 되지만, 어느 정도 큰 애벌레는 폭군으로 돌변해 물속 곤충들과 작은 물고기까지 닥치는 대로 잡아먹는다. 어른이 된 수컷 잠자리들은 먹이와 암컷을 확보하기 위해 물가에 일정한 세력권을 형성하고 이를 지킨다. 다른 수컷이 자신의 영역 안으로 들어오면 날아가 쫓아내고, 암컷이 찾아오면 짝짓기한다. 짝짓기를 마친 뒤에도 수컷은 다른 수컷에게 암컷을 빼앗기지 않고 후손을 무사히 번식시키기 위해 암컷이 알을 다 낳을 때까지 옆에서 지킨다.

좀잠자리와 된장잠자리

사람들은 가을에 잠자리가 많다고 생각한다. 봄과 여름에는 눈에 잘 띄지 않던 잠자리들이 파란 가을 하늘에 우르르 나타나

1 참별박이왕잠자리가 연못 수초에 알을 낳고 있다.
2 좀잠자리는 연못 속에서 애벌레로 겨울을 난다.

날아다니는 것이 인상적이기 때문이다. 붉은 것은 대부분 좀잠자리 수컷이고, 노란 것은 대부분 좀잠자리 암컷과 된장잠자리다. 하지만 잠자리들은 실제로 여름에 가장 많다. 단지 더위를 피해, 혹은 추위가 코앞에 닥치지 않아 서둘러 짝을 찾을 필요가 없으니 풀숲이나 산꼭대기에서 숨어 지내느라 눈에 잘 안 띌 뿐이다.

좀잠자리들은 마치 피서를 다니는 사람들처럼 선선한 산꼭대기에서 여름을 보낸 뒤 가을이 되어야 낮은 지대 물가로 내려온다. 더 추워지기 전에 짝짓기하고 연못 속에 알을 낳기 위해서다. 가을 하늘을 수놓으며 짝을 찾던 좀잠자리들은 알을 낳자마자 삶을 마감하고 연못 위로 떨어진다. 알은 그대로 물속에서 겨울을 넘기고 이듬해 봄 애벌레로 깨어나 부모가 살던 방식대로 남은 계절을 보낸다.

토박이 생물처럼 구수한 이름을 지닌 된장잠자리는 사실 우리나라 잠자리가 아니다. 멀리 동남아시아에서 태어나 바람을 타고 우리나라까지 날아온 녀석들이다. 장맛비가 멈추고 태풍이 잦아진 뒤 된장잠자리가 많이 보이는 것도 그 때문이다. 하늘을 무리 지어 날던 된장잠자리들도 알을 낳고는 우수수 연못 위로 떨어진다. 하지만 알을 낳는 것은 이들의 습성일 뿐, 알에

1 된장잠자리는 동남아시아에서 기류를 타고 해마다 우리나라로 날아온다.

2, 3 물방개와 물방개 애벌레는 모두 작은 곤충을 잡아먹는다.

195

서 깬 애벌레들은 물속 곤충들의 먹이가 되거나 우리나라의 추운 겨울을 이기지 못하고 모두 죽는다.

삶과 죽음을 품은 연못

잔잔한 연못은 삶과 죽음을 함께 품고 있다. 알을 낳은 좀잠자리들이 체력을 소진해 연못 위로 떨어지고, 된장잠자리들도 제 본분인 알 낳기를 마치고는 미련 없이 죽음을 맞는다. 이들이 떨어져 내리며 파문이 일면 연못 바닥을 헤집던 물방개들이 수면 위로 올라와 죽은 잠자리들을 뜯어먹는다. 잠시 후 소금쟁이, 물장군, 송장헤엄치게, 물땡땡이들도 가세해 겨울을 나기 위한 에너지를 비축한다.

좀잠자리는 후사가 보장되었으니 파란 가을 하늘에서 붉은 몸뚱이로 누렸던 찰나의 영화에 미련이 없을 듯하다. 해가 바뀌고 날이 풀리면 알에서 깨어난 애벌레들이 다른 물속 곤충들의 알이나 애벌레를 잡아먹으며 자랄 테니 늙은 어미는 몸이 뜯겨도 서러울 게 없다. 바람을 타고 먼 거리를 날아와 결국 전멸하고 마는 된장잠자리들도 아쉬움은 없다. 베트남, 캄보디아, 필리핀 등 열대의 나라에서 번식한 그들의 후손이 이듬해면 또다시 날아와 우리나라 하늘을 물들일 테니 말이다.

1 물땡땡이 애벌레는 육식성이지만 어른벌레는 물풀도 먹는 잡식성이다. **2** 물맴이는 물속과 수면에서 작은 곤충들을 잡아먹는다. **3** 물장군은 곤충뿐 아니라 작은 물고기까지 사냥하는 연못 속 최고 포식자다.

197

투명한 가을 하늘을 담아 지상에 또 하나의 작은 하늘을 만들어 놓은 연못은 이처럼 요동치는 생명의 역사를 가슴에 담고도 늘 그랬던 것처럼 평온하다. 그 품에 안긴 생물들의 삶과 죽음, 먹고 먹힘의 반복과 순환을 잘 알기 때문이다. 연못은 그저 수온을 낮춰 물속 곤충들을 겨울잠으로 인도하며 휴식을 권할 뿐이다.

물속 생활을 하는 곤충들

물속 곤충은 모든 무리가 물속에서 태어나 물속 생활에 완벽히 적응한 하루살이목, 강도래목, 날도래목, 뱀잠자리목, 잠자리목 같은 1차 적응군이 있고, 전체 무리 중 일부만이 물속 생활을 하는 나비목, 파리목, 딱정벌레목, 노린재목 같은 2차 적응군이 있다. 이 중에서도 하루살이나 강도래, 날도래, 뱀잠자리 같은 무리들은 연못보다는 흐르는 냇물이나 계곡을 좋아하는 유수성 곤충이다. 고여 있는 연못에는 딱정벌레목의 물방개, 물땡땡이, 물맴이 등과 노린재목의 물장군, 물자라, 장구애비, 송장헤엄치게 등 정수성 곤충들이 살고 있다. 잠자리 무리를 비롯해 파리목의 모기나 각다귀, 나비목의 물명나방 종류 등은 흐르는 물과 고여 있는 물에 고루 퍼져 산다.

물속 곤충의 호흡법

물속 곤충의 호흡법은 대기 중의 산소를 직접 호흡하는 것과 물속에 녹아 있는 용존 산소를 흡수하는 것으로 나눌 수 있다. 용존 산소를 흡수하는 곤충들은 주로 1차 적응군에 속하는 무리로, 효율적인 흡수를 위해 판이나 실 모양으로 된 기관아가미 tracheal gill 나 피부로 호흡한다. 잠자리 애벌레는 기관아가미와 직장의 벽을 통해 산소를 흡수한다. 물방개, 물땡땡이, 물맴이는 수면에서 공기를 담아와 딱지날개 사이의 공간과 미세한 털 틈에 저장해 두며 숨을 쉬고, 게아재비, 장구애비, 물장군 등은 배 끝에 있는 기다란 숨관을 물 밖으로 내밀어 산소를 직접 들이마신다.

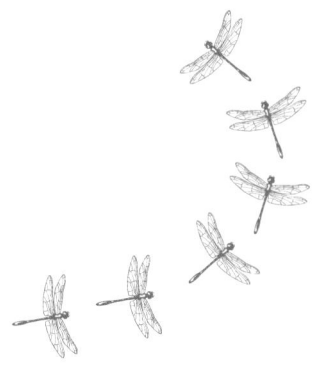

뒤집어 보기

그들에 대한 오해

**오랜 기다림,
짧은 행복?**

매미의
진정한 황금기

많은 사람들은 우리 눈에 자주 띄는 곤충의 모습이 그들 일생의
대부분이라고 생각한다. 하지만 그것은 오해다. 우리 눈에
주로 보이는 곤충들, 즉 다 자란 어른벌레들은 죽음을 앞둔 노인들과
같다. 오랜 시간 자신의 본분에 충실했던 곤충이 짝짓기를 위한
형태로 몸을 잠시 변화시킨 것뿐, 곤충의 진정한 황금기는
애벌레 모습으로 자연생태계에 기여할 때다. 반복되는 일상이
따분하다 말하는 당신도 지금 인생의 황금기에 서 있을지 모른다.

말매미. 강한 여름 햇볕 아
래에서 열심히 울어 짝을
찾는다.

매미 소리를 두고 울음이니 노래니 하며 논쟁을 벌이는 이들이 종종 있다. 생물이 내는 소리를 울음이라 하면 "왜 그리 부정적이냐, 짝을 찾는 노래라고 긍정적으로 보면 좋지 않냐."고 말하기도 한다. 생물의 소리를 울음이라 하든 노래라 하든, 그것은 듣는 사람의 마음이지 논쟁은 쓸데없다. 우리처럼 괜한 해석을 놓고 시간 낭비할 틈이 그들에게는 없다.

짝을 부르는 절규

'맴 맴 찌르르르….' 한여름 매미의 울음소리는 시원하고 청아하게 들려야 좋으련만 어느덧 짜증스런 천덕꾸러기가 되어 버렸다. 사람들이 밤잠을 설칠 만큼 시도 때도 없이 울고, 온 동네 난리가 난 듯 아우성치기도 한다. 그래도 매미의 소란함을 탓할 수 없는 것은, 오랜 시간 깊은 땅속에서 어둠을 이겨낸 녀석들의 어린 시절에 비해 생의 황금기인 이 시기가 너무도 짧

1 털매미가 짝을 만났다.
2 애매미가 가느다란 나무 줄기에 알을 낳는다.

다는 것을 알기 때문이다.

  매미는 1~7년이 넘는 긴 시간을 땅속에서 지내다가 어른벌레가 되어 바깥세상에 나온다. 칠흑 같은 땅속에서 꿈틀꿈틀 허물을 벗으며 찬란한 빛을 기다린 매미에게 허락된 행복은 허탈하리만큼 짧은 보름 남짓이다. 이 시간 동안에 종족 번식을 성공적으로 끝내야 하는 막중한 임무가 있다. 햇볕을 마음껏 즐기기도 전에 짝을 만나야 하는 급박한 상황에 처했으니 열심히 울어 애타게 짝을 찾을 수밖에 없다.

매미 울음의 원리

매미는 수컷만 운다. 수컷 배에는 소리기관이 있고, 공명실이 크게 발달해 멀리까지 들리도록 소리를 증폭시킬 수 있다. 그러나 짝짓기 후 뱃속에 알을 저장할 공간과 산란관이 필요한 암컷은 공명실을 둘 공간이 없어 울지 못한다. 매미는 종마다 일정한 주파수 범위 안에서 개성 있게 울며, 그 중에서도 애매미는 984~1만 2천480헤르츠나 되는 소리 폭을 갖고 있어 다채로운 소리를 낼 수 있다. 또한 매미는 두 가지 형태의 다른 소리를 낸다. 하나는 짝짓기를 위해 암컷을 부르는 것으로, 같은 종류의 매미를 불러 모아 집단을 이룸으로써 짝짓는 기회를 많

1 오랜 기간 땅속에서 지낸 말매미 애벌레가 바깥세상으로 나온다. **2** 유지매미. 애벌레가 본능적으로 나무 줄기를 기어오르고 있다.

이 얻고자 한다. 이는 곧 영역을 표시하는 울음이기도 하다. 또 한 가지는 침입자가 영역을 침범했을 때 내는 경계의 소리로 동료들에게 위험을 알린다.

낮이나 저녁, 새벽 등 시간대에 따라 우는 매미도 다르다. 이것은 매미의 체온과 빛의 양이 울음에 영향을 주어서이며, 매미마다 소리를 낼 수 있는 적절한 체온이 다르기 때문이다. 털매미는 새벽부터 저녁 무렵까지 하루 종일 끊임없이 울어댄다. 해가 떠 있는 한낮에 많이 울어서 우리에게 친숙한 매미로는 참매미, 유지매미, 애매미, 말매미, 쓰름매미 등이 있다. 풀매미는 한낮이라도 햇볕이 쨍쨍할 때에만 운다.

땅속, 인내의 기간?

짝짓기를 마친 암컷은 식물 줄기에 알을 낳는다. 이곳저곳 옮겨 다니며 긴 산란관을 꽂고 길이 1밀리미터 정도의 가늘고 긴 알을 낳고는 힘없이 툭 떨어져 죽음을 맞는다. 알에서 깨어난 애벌레는 땅 위로 떨어져 땅속 나무뿌리 주변으로 파고들어가 보금자리를 만들고 뿌리에서 즙을 빨아먹으며 오랜 세월을 보낸다. 매미는 애벌레 기간이 매우 긴데다 환경에 따라 땅속에서의 생활 기간이 다를 수 있어서 각 종의 생활사를 정확

---

1 나무줄기에 자리 잡은 유지매미 애벌레가 날개돋이를 하고 있다. **2** 암컷 배에는 산란관이 있어 소리 기관이 차지할 공간이 없다.

하게 파악하기는 어렵다. 참매미와 유지매미는 6년, 털매미는 4년쯤, 말매미는 5~6년을 땅속에서 애벌레로 지낸다. '매미탑'이라고도 불리는 미국의 주기매미*Periodical cicadas*는 애벌레 기간이 길기로 유명한데, 13년 혹은 17년을 땅속에서 지낸다.

많은 사람들은 매미가 땅속 생활을 시작하는 이때부터 어른벌레가 되는 시기까지를 매미 일생의 암흑기로 여긴다. 화려한 날개가 돋아 날아오르기를 꿈꾸며 마치 부활을 위해 고통을 견디는 시기인 것처럼 묘사하기도 한다. 하지만 매미들도 그렇게 생각할까? 매미는 오히려 땅에서 나오고 싶어 하지 않는다. 나무뿌리에 달라붙어 뾰족한 주둥이를 꽂고 즙을 빨아먹으며 사는 그 시기가 매미에게는 가장 행복한 시절이자, 땅에 통기성을 부여하고 식물의 밀도를 조절하며 생태계에서 제 역할을 수행하는 기간이다. 먹을 것도 풍부하고 땅위와 달리 천적도 적으니 더할 나위 없이 좋다.

그러다가 죽음을 앞둔 시기가 되면 생의 마지막 과제인 대를 잇기 위해 서둘러 화려한 어른벌레로, 즉 생식기가 드러나도록 탈바꿈한다. 짝을 찾아가기 위해 날개가 생기고, 짝을 부르기 위해 소리도 낸다. 죽기 직전 잠시 화려한 모습으로 탈바꿈한 어른벌레보다 생태계의 순환에 기여하며 오랜 시간을 묵묵

털매미들. 매미들은 울음소리로 동료를 불러 모아 짝짓기 기회를 늘린다.

히 지내는 애벌레 시기가 곤충의 진정한 황금기다.

특별할 것 없이 반복되는 우리의 일상이 사회를 원활히 굴러가게 한다. 멋져 보이지도 않고 가끔 벗어나고도 싶지만, 지금 우리가 하루하루 인생의 황금기를 살아가고 있음을 잊지 말자.

종마다 울음소리가 다르다

매미는 종마다 제각각 일정한 주파수 범위 안에서 개성 있게 운다. 가장 다채로운 소리를 내는 애매미의 경우는 소리 범위가 984~1만 2천480헤르츠나 될 만큼 폭넓다. 애매미는 약 30초간 울기를 반복하며, 처음에는 '쯔잇 쯔잇~쯔 짓짓짓짓…' 하고 울다가 '히히히쯔~히히히히…' 하며 간주를 넣고 '찌르르르르…' 하며 멈춘다. 말매미는 소리 비를 퍼붓듯 '짜르르르륵… 짜르르르륵…' 하고 울며, 참매미는 '찌~~~' 하고 숨이 턱에 찰 만큼 긴 소리를 내다가 '밈 밈 밈 밈… 미~~~' 하고 소리 끝을 떨며 멈춘다.

1 암컷이 산란관을 꽂고 알을 낳은 나무 줄기에는 흔적이 남는다. **2** 알 낳은 흔적이 있는 줄기를 쪼개 보면 쌀알 같이 생긴 흰 알들이 콕콕 박혀있다.

**꿈꾸는 동안이
진정한 삶이다**

하루살이의
꿈

어른벌레가 된 뒤 길어야 3일밖에 못 사는 하루살이에 빗대 흔히
짧고 허망한 인생을 이야기하지만, 물속의 유기질을 먹어 물을
맑게 하는 애벌레 시기가 하루살이에게는 진정한 삶의 황금기다.
물속에서 오랫동안 제 소임을 다하다가 어느 날 있는 힘껏 물을 차고
하늘로 날아오르는 찬란한 비행을 상상해 보라. 국어사전을 고쳐
'하루살이 : 맡은 바 역할과 소임을 다하며 살다가 힘차게 도약할
날을 꿈꾸는 사람을 일컫는 말'이라고 쓰고 싶지 않은가.

하루살이의 긴 앞다리는 공
중에서 짝을 붙잡기 위해
발달한 것이다.

예전에 살던 지역에 외국인 노동자가 많았다. 낯설고 물선 이국생활의 어려움이야 두말할 필요가 없을 것이다. 게다가 못다 이룬 코리안 드림을 위해 때로 불법체류까지 감수하는 그들의 고단한 삶을 가늠하기란 그리 쉬운 일이 아니다. 그들과 어려움을 함께 나누며 인권을 보호하기 위한 모임이 '하루살이들의 모임'이다. 그들의 처지에 빗대 모임 이름을 지었을 것을 생각하니 마음이 짠하다.

진정한 삶은 애벌레 시기

하루살이 무리를 뜻하는 '이페메롭테라^{ephemeroptera}'는 '단 하루의 목숨'이라는 뜻의 희랍어 이페메로스^{ephemeros}에서 유래했다. 동서고금을 막론하고 하루살이는 짧고 덧없는 삶을 상징했던 듯하다. 하지만 우리가 흔히 알고 있는 것처럼 하루살이가 하루만 사는 것은 아니다. 보통 3일 정도 살며, 짝짓기가 끝나면

1 하루살이의 결혼비행은 해질 무렵에 이뤄진다.
2 봄처녀하루살이의 짝짓기. 결혼비행에서 만난 짝과 내려 앉아 짝짓기한다.

수컷은 바로 죽고 암컷은 짧으면 몇 분, 길게는 3일쯤 더 살다 죽는다. 암컷이 조금 더 사는 이유는 알을 낳는 시기가 종마다 다르기 때문이다. 여기서의 삶이란 짝짓기를 위해 형태 변화를 한 어른벌레 기간만을 뜻한다.

짝짓기를 끝낸 암컷은 수백에서 수천 개의 알을 물속에 낳는데, 알에서 부화한 애벌레는 짧게는 6개월부터 길게는 3년에 이르는 물속 생활을 한다. 오랜 기간 물속 생활을 하는 애벌레는 물속 생태계의 먹이사슬 유지와 수질 정화에 중요한 존재다. 수많은 알에서 부화한 애벌레는 물고기 등 상위포식자들의 먹이가 되고 스스로는 물속의 부식질이나 미생물, 식물 조각을 먹어 물을 깨끗하게 한다. 수질오염이 점점 심각해지는 요즘, 문제 해결의 실마리를 제시하고 수질 평가의 지표종으로서 역할을 다하고 있는 것이 바로 하루살이 애벌레다. 이처럼 하천의 생태에서 제몫을 다하며 살아가는 애벌레 시기가 하루살이에게는 진정한 삶을 사는 시기라 할 만하다.

작은 하루살이의 큰 역할

해질 무렵 계곡 하류에서 하루살이들의 결혼비행을 관찰할 수 있다. 수많은 수컷 하루살이들이 물 위로 날아올라 역광에 날

1 피라미하루살이. 하루살이 애벌레들은 물속에서 오랜 세월을 지낸다. 배 양쪽으로 노처럼 삐져나온 것이 긴관아가미다. **2** 물에서 나와 허물을 벗고 아성충이 된 하루살이. 아직 완전한 어른이 아니다.

개를 반짝이며 군무를 펼친다. 암컷은 수컷들의 군무 사이로 맵시 있게 비행하다가 가장 근사한 수컷과 짝짓기를 한다. 계곡 하류를 가득 메우며 펼쳐지는 불꽃같은 사랑잔치는 곧바로 숙연한 장례의식으로 변한다. 구애에 실패한 수컷들이 낙화처럼 분분히 떨어져 수면을 가득 메운다.

봄처녀하루살이, 아지랑이하루살이, 산처녀하루살이, 햇님하루살이, 금빛하루살이 등 하루살이의 이름은 한결같이 아름답다. 어느 누가 붙였는지, 인간에게 맑은 물을 선사하는 데 대한 고마움과 짝짓기 때가 되면 성충으로 날아올라 불꽃같은 사랑으로 장렬히 마감하는 삶에 대한 안쓰러움도 배어난다.

참으로 작고 하잘것없어 보이는 하루살이가 충실한 삶을 살며 역할과 소임을 다하는 것을 보면서 '보이는 것이 다가 아니다'라는 진리를 떠올린다. 또한 무엇 하나 버릴 것 없고 쓸모없는 게 없는 자연 생태계가 새삼 경이롭게 느껴진다.

국어사전에는 '하루-살이(명사) : 앞일을 헤아리지 않고 그날그날 닥치는 대로 살아가는 사람을 비유하여 이르는 말'이라 되어 있다. 나는 이 사전을 고쳐 '하루-살이(명사) : 맡은 바 역할과 소임을 다하며 살다가 힘차게 도약할 날을 꿈꾸는 사람을 일컫는 말'이라고 쓰고 싶다.

날개를 접지 못하는 하루살이

하루살이는 날개가 있는 곤충 중에서 가장 원시적인 형태인 고시류에 속한다. 잠자리와 마찬가지로 날개를 뒤로 접어서 옆구리에 붙일 수 없다. 날개를 포개고 앉을 수 있는 신시류들은 잠자리와 하루살이보다 훨씬 더 진화한 무리다. 하루살이는 전 세계적으로 2천500여 종, 우리나라에는 9과 80여 종이 알려져 있다.

성적으로 불완전한 단계
아성충, 亞成蟲, subimago

하루살이 애벌레는 보통 10~30회 허물을 벗으며 크다가 다 자라면 물가의 돌이나 풀을 타고 기어오른 후 날개를 돋운다. 곤충들은 보통 날개돋이를 하면 어른벌레가 되지만 하루살이는 생김새만 어른벌레 같지 아직 성적으로 불완전한 상태다. 이 단계를 아성충이라 한다. 이 시기에 짝짓기하는 속도 있지만 여기서 한 번 더 허물을 벗어야 성적으로 완전한 개체가 된다. 아성충이나 어른벌레가 되었을 때는 입이 퇴화해 아무것도 먹지 않는다.

**포식자의 위상 뒤에
가려진 진실**

사마귀가 최고의 사냥꾼이 된 이유

사마귀는 곤충 세계의 최상위 포식자다. 그들의 사정거리 안에
들어오면 살아 돌아갈 곤충이 거의 없다. 이렇듯 무시무시한
공격성으로 많은 곤충을 먹어치우는 사마귀에게도 말 못할 속사정이
있다. 몸속에 회충 같은 연가시가 기생해 아무리 먹어도
배고프기만 한 운명을 타고난 것이다. 때로 이기지도 못할
상대에게 맞서는 무모함이나 기다림의 정수를 보여주는 것도
가여운 속사정과 무관하지 않을 것이다.

중국무술 당랑권은 사마귀의 공격술과 자세를 본떠 만들었다.

벌레만도 못하다고?

뒤집어 보기/그들에 대한 오해

중국무술에는 동물의 싸움 자세를 본떠 만든 상형권이 많다. 왕랑이라는 사람이 사마귀에서 영감을 얻어 만든 당랑권螳螂拳도 그 중 하나다. 어려서부터 무술을 연마해 온 왕랑은 자신의 무술을 시험해 보려고 소림사를 찾아가 대결을 청했다가 형편없이 패하고 말았다. 크게 낙담해 들판에 멍하니 누워 있다가 사마귀가 매미를 사냥하는 장면을 보았고, 그 저돌적인 자세와 날렵한 공격술에서 영감을 얻어 당랑권이라는 무술을 창시하게 되었다. 왕랑이 다시 소림사를 찾아갔을 때는 아무도 대적할 자가 없었다.

중국무술 당랑권의 원조

사마귀 앞다리의 날카로운 톱날은 한번 잡은 먹이를 절대 놓치지 않고, 목이 자유자재로 움직여 어려운 상황에서도 적을 물어뜯을 수 있다. 또한 마주치기만 해도 소름이 끼칠 만큼 매서

1 포식자의 근성을 타고 난 약충들. 무서운 사냥꾼으로 자라날 것이다. **2** 제힘으로 이길 수 없는 상대에게도 맞서는 허풍쟁이기도 하다.

운 눈도 적을 제압하기에 충분하다. 실제로 무술 창시에 영향을 줄 만큼 사냥술이 뛰어나고, 곤충 세계에서도 무서운 존재로 군림하고 있다.

나도 곤충 중에 사마귀를 가장 무서워한다. 웬만한 곤충은 맨손으로도 잘 잡는 편이고, 곤충들이 갖고 있는 독에도 내성이 생겼는지 별로 겁이 안 난다. 그러나 이상하게도 사마귀만 보면 섬뜩하고 소름이 돋아 손으로 잡지 못한다. 물컹한 배도 끔찍하지만 고개를 돌려 내 손을 물어뜯을 것만 같기 때문이다.

사마귀는 주로 먹이가 지나갈 만한 곳에 숨어 있다가 잽싸게 낚아채기도 하고, 살금살금 다가가 와락 덮치는 식으로 사냥한다. 또 만만치 않은 상대를 만나기라도 하면 온갖 폼을 다 잡으며 기선을 제압하려 한다. 그러나 무서울 게 없을 것 같은 사마귀에게도 두려움의 대상은 있게 마련이어서 개구리나 두꺼비, 뱀 같은 파충류에게는 꼼짝없이 당한다. 그렇다면 뱀의 행동을 본떠 만들었다는 사권蛇拳은 당랑권을 이길까?

알고 보면 가여운 허풍쟁이

사마귀라는 이름의 유래에 관해서는 한자어에서 비롯되었다는 의견과 살갗에 볼록하게 돋는 피부병의 일종인 사마귀가 곤

1 길고 낫처럼 꺾이며 톱날 같은 돌기가 돋아있는 앞발, 매서운 눈매와 주둥이는 위협적이다. **2** 꽃에서 먹이가 다가오길 기다린다. 등에가 사마귀가 있는 것을 눈치 채지 못하고 날아왔다.

벌레만도 못하다고?

1
2

충 이름으로 바뀌었다는 두 가지 의견이 있다. 그 중 설득력이 있는 것은 한자어 사마귀死魔鬼에서 유래했다는 설이다. 불교에서 목숨을 빼앗고 현상세계를 파괴하는 악마를 사마死魔라고 하듯, 곤충의 목숨을 빼앗는 강한 포식자인 사마귀를 곤충세계의 악마라는 뜻으로 그렇게 불렀다는 견해다. 한편 우리 선조들은 사마귀가 공격을 받으면 오줌을 찍 싸듯 배설물을 내뿜는 것을 보고 '오줌싸개'라고 부르기도 했고, 적을 만나면 앞발을 치켜세우고 날개를 펼쳐 떡하니 버티는 모습이 호랑이와 비슷하다고 해서 '범아재비'라고도 불렀다. '범아재비'는 차츰 변해 '버마재비'가 되었다.

그런데 고사성어에 나타난 '버마재비'를 찾아보면 사마귀의 속사정이 또 있음을 알 수 있다. '버마재비가 수레를 버티는 꼴 당랑거철, 螳螂拒轍'이라는 말은 사마귀가 감히 수레에 맞서려 한다는 말로, 제 힘으로는 도저히 이길 수 없는 상대에게도 무모하게 맞선다는 뜻이다. 실제로 사마귀의 위풍당당한 모습은 허풍이다. 사마귀는 다가온 먹이를 잡아먹는 데는 선수 급이지만 당당하게 싸우지는 않기 때문이다.

산길 한복판에서 길을 건너고 있는 사마귀를 만난 일이 있다. 나와 맞닥뜨린 사마귀는 오도 가도 못하자 바짝 들이댄 카메라

1 넓적배사마귀 몸속에 살던 연가시가 빠져나오고 있다. **2** 긴 연가시가 몸속에 살며 영양분을 빼앗으니 사마귀는 늘 배가 고프다.

를 향해 앞발을 치켜들고 날개를 활짝 펼쳐 겁을 주려 했다. 녀석은 분명 상대를 잘못 봤다. 내가 사마귀를 무서워하는 것은 사실이지만 제까짓 게 인간의 상대가 되겠는가? 후다닥 달려들자 녀석은 길가 숲으로 줄행랑쳤다. 속담 그대로 '버마재비가 수레를 버티는 꼴'이었다.

최고 사냥꾼의 전략, 기다림

꽃에 앉아서 사냥감이 다가오기를 기다리는 사마귀가 전혀 움직이지 않는다. 나와 눈이 마주치자 잠시 몸을 움찔하며 경계하는 듯하다가 고개를 한두 번 갸우뚱하더니 다시 꼼짝 않는다. 한참을 서로 노려보는 동안 속으로 중얼거렸다. '에이, 답답해 죽겠네. 직접 사냥감을 좀 찾아 나서라, 이 미련한 놈아!' 그러나 이런 바람도 아무 소용이 없다. 사냥하는 장면을 찍기는커녕 눈싸움만 하다 내가 먼저 지쳐 버린다. '졌다, 항복!'

더 놀라운 일은 다음날 있었다. 굵은 나무줄기 옆으로 삐쭉 돋아난 잎사귀 위에서 사마귀를 발견한 것이다. 그게 뭐 대단할까 싶겠지만, 이 녀석이 어제도 그 자리에 똑같은 모습으로 앉아 있었다는 걸 알고도 놀라지 않을 수 있겠는가?

사마귀야말로 기다림의 진수를 보여주는 참을성의 승리자이다. 사마귀가 곤충 세계의 최상위 포식자로 군림할 수 있었던 것은 무서운 생김새나 날렵한 사냥술, 무모한 허풍 때문이 아니었다. 때로는 꼼짝 않고 먹이를 기다리는 진득함이 사마귀를 최고의 사냥꾼으로 이끈 것이다.

아무리 먹어도 배고픈 사마귀

곤충 세계 최고의 포식자인 사마귀에게도 슬픈 사연이 있다. 선형동물인 연가시^{선충, 철사벌레}가 주로 기생하는 대상이 사마귀이기 때문이다. 물속에 있는 연가시 알을 먹은 곤충이 물 밖으로 나와 날개돋이를 하면 사마귀가 그 곤충을 잡아먹고, 그렇게 사마귀 몸으로 들어간 연가시는 영양분을 빼앗아 먹으며 기다랗게 자란다. 우리 몸의 회충을 생각하면 된다. 사마귀는 연가시에게 빼앗기는 영양분을 보충하기 위해서 끊임없이 사냥해야 한다. 이처럼 아무리 먹어도 배고픈 처지 때문에 무서운 사마귀가 애처로워 보이기도 한다.

**작지만 용감한
'애벌레몬'들**

애벌레의
자기 보호법

애벌레들은 천적들에게 속수무책으로 당하기만 하는 연약한
존재로 보인다. 그러나 실제로 그럴까? 움직임이 자유롭지
못하고 환경 변화와 천적의 위협에 늘 노출되어 있는 애벌레들은
이 긴 시기를 무사히 넘기기 위해 그 어떤 어른벌레들보다
다양한 방어술을 구사한다. 초록빛 여름 숲에서 애벌레들을
찾아내기란 생각보다 쉽지 않다. 숨은 그림 같은 위장술 말고도
독이나 냄새로 천적을 공격하는 야무진 녀석들도 있다.

눈알무늬가 생긴 호랑나비
5령 애벌레. 작은 동물들에
게는 뱀처럼 보인다.

"애벌레몬이 진화해서 나비몬이 되는 거죠?"

사진을 정리하고 있는 내게 디지몬의 수많은 이름과 진화를 줄줄이 꿰고 있는 작은아이가 다가와 아는 척을 한다. 애벌레를 징그러워하지 않는 것도, 탈바꿈하며 자라는 곤충의 생태를 알고 있는 것도 기특하다. 조금 흉물스럽게 보이기도 하는 애벌레는 멋진 어른벌레가 되기 위해 방어술을 구사하고 있는 것이다.

겨울 숲에 숨어 있는 애벌레들

경기도 남양주시에 있는 축령산을 찾았다. 응달 곳곳 눈 덮인 산에서 애벌레들을 찾을 생각이었다. 애벌레들은 칼바람을 어떻게 견디고 있을까? 참나무가 무성한 곳으로 올라갔다. 땅에 떨어져 썩은 참나무 가지들을 손으로 뭉개니 비단사슴벌레 애벌레들이 옹기종기 들어 있다. 비단사슴벌레 애벌레는 얼음처럼 꽝꽝 얼어버릴지도 모르는 젖은 나무속에서 추위를 견디고

1 비단사슴벌레 애벌레. 낙엽 속에 파묻힌 참나무 잔가지 속에서 겨울을 나고 있다. **2** 남색초원하늘소 애벌레는 속이 빈 풀줄기 속에서 추위를 피한다.

있다. 축축한 나무속, 빛깔도 투명한 작은 애벌레가 하도 당당해 보여서 두꺼운 점퍼 차림이 민망해진다.

이번에는 남색초원하늘소 애벌레를 찾기 위해 개망초와 엉겅퀴 줄기가 말라비틀어진 산비탈로 걸음을 옮겼다. 남색초원하늘소 암컷은 식물이 살아 있을 때 줄기를 물어뜯고는 그 안에 알을 낳는다. 알에서 깬 애벌레는 가을에 종령 애벌레^{번데기가 되기 직전인 다 자란 애벌레}가 되고, 추위를 피하기 위해 줄기를 파고들며 땅속 뿌리 부근까지 내려가 겨울을 난다. 그리고는 봄이 되면 다시 줄기 위쪽으로 기어 올라와 줄기 끝을 동그랗게 물어뜯어 자른 뒤 입구를 톱밥으로 틀어막고는 그 속에서 번데기가 된다. 톱밥으로 막는 것은 어른벌레가 되었을 때 쉽게 뚫고 나오기 위한 것이다. 이른 봄 마른 풀밭에서 줄기 끝이 깔끔하게 잘린 식물을 찾으면 번데기가 된 남색초원하늘소 애벌레를 쉽게 찾을 수 있다.

여름부터 봐 두었던 풍개나무와 팽나무가 있는 곳으로 갔다. 왕오색나비, 흑백알락나비, 수노랑나비 같이 이런 나무의 잎을 먹고 자라는 나비 애벌레들을 찾을 생각이다. 이 나비들은 팽나무나 풍개나무 잎에 알을 낳는다. 알에서 깬 애벌레는 나뭇잎처럼 초록색을 띤 채 잎을 먹고 자라다가, 겨울이 다가오면 몸빛

1 흑백알락나비 애벌레가 팽나무 낙엽에 붙어 있다. 이런 종류의 애벌레들은 생김새가 비슷하다. **2** 굵은줄나비 애벌레는 온몸을 가시로 무장했다. 독이 있거나 딱딱한 가시는 아니다.

을 갈색으로 바꾼다. 그리고는 바닥에 떨어진 낙엽에 착 달라붙어서 겨울을 난다. 먹이식물에 맞춰 몸 빛깔을 달리하는 위장술이다.

팽나무 아래 낙엽을 한 장 한 장 뒤집어가며 한참을 찾다가 갈색 낙엽에 몸을 착 붙인 채 추위를 견디고 있는 흑백알락나비 애벌레를 발견했다. 겨울을 맨몸으로 맞서 이겨내는 것도 대견하지만, 쉽게 찾지 못할 만큼 팽나무 잎과 비슷한 모양과 색으로 변신한 위장술이 더 대단해 보인다.

각양각색 생존 전략

곤충의 일생 중 가장 긴 단계는 종마다 차이가 있지만 대부분 애벌레 시기가 가장 길다. 애벌레 때는 주로 어른벌레가 되기 위한 영양분과 에너지를 비축하기 위해 먹는 일에만 열중하는데, 자유롭게 이동할 수 있는 어른벌레에 비해 천적으로부터 자신을 보호할 능력이 부족하다. 그래서 애벌레들은 천적인 새와 육식곤충의 먹잇감이 되지 않기 위해 다양한 전략을 구사한다.

많은 애벌레들은 화려한 색깔과 무늬, 뾰족한 돌기나 털로 위장해 천적이 잡아먹기 싫게 만든다. 어떤 종들은 거무튀튀한 피부색에 윤기가 있어 번들거리기까지 하며, 이것은 마치 새똥처

1 자벌레가 나뭇가지에 붙어 꼼짝 않고 있으면 정말 가지 같다. **2** 멧누에나방 애벌레는 자벌레처럼 윗몸을 세우는 행동을 하며, 몸 빛깔이 새똥 같아 위장 효과가 크다.

럼 보여 천적이 잡아먹지 않는다. 극단적으로 화려하거나 초라한 모습이 자기를 지키는 무기가 된다. 자나방 종류 애벌레인 자벌레가 나뭇가지를 흉내 내거나 참나무산누에나방 애벌레가 상수리나무 잎의 생김새를 흉내 내듯, 서식처와 어울리는 색깔과 모습으로 위장하는 것은 기본이다. 몇몇 곤충의 애벌레는 독침이나 독액을 숨기고 있거나 악취를 뿜는 등 적극적인 방어술을 쓰기도 하고, 이 모든 방법들을 동시에 구사하기도 한다.

호랑나비의 적극적인 방어

호랑나비와 제비나비들은 애벌레 시절에 여러 번 허물을 벗으며 다양한 방어술을 구사한다. 식물에 낳은 알은 1주일쯤 지나면 깨어 1령 애벌레가 된다. 이때부터 3일 단위로 허물을 벗으며 2령과 3령이 되고, 이후 4일 단위로 허물을 벗으며 4령과 5령(종령) 애벌레가 된다. 종령 애벌레에서 5일이 지나면 번데기, 그 후 보름이 지나면 날개가 돋아 멋진 나비가 된다.

알에서 번데기가 되는 약 25일 간의 애벌레 시절에, 1령에서 4령까지는 몸빛이 흑갈색이고 윤기가 흘러 마치 새똥처럼 보이다가 5령이 되면 몸이 초록색으로 바뀌면서 머리 부분에 둥그런 눈알 무늬와 줄무늬가 생긴다. 무시무시한 뱀 같은 생김새로

1 호랑나비 애벌레. 호랑나비와 제비나비 애벌레들은 어렸을 때 새똥처럼 위장한다. **2** 긴꼬리제비나비 5령 애벌레가 냄새뿔을 내밀었다.

다른 육식곤충의 접근을 막으려는 것이다. 또 종령 애벌레가 된 얼마 후에는 머리와 앞가슴 사이에서 악취가 나는 냄새뿔^{취각, 吹角, osmeterium}을 내민다. 나쁜 냄새를 무기로 쓰는 것이다.

힘없는 애벌레들이 선택할 수 있는 자기보호 방법은 그리 많지 않다. 호랑나비 애벌레가 새똥이나 뱀 머리처럼 위장해 적을 속이던 소극적인 방법을 넘어서 마침내 취각을 이용해 공격에 맞서는 적극적인 자기방어 전략까지 구사하게 되는 것처럼, 냉엄한 생태계에서는 공격이 최선의 방어일 수 있다.

뱀처럼 보이는 산제비나비 5령 애벌레

받기만 하는
사랑은 없다

말벌의
새끼 기르기

목질을 잘게 씹어 무균 상태의 집을 만들고 부지런한 날갯짓으로 한여름 더위까지 쫓아주는 말벌의 육아 일기는 가히 감탄할 만하다. 그러나 곱게 키운 자식의 목을 졸라 자신의 양식을 마련하기도 하는 어미 말벌을 보면 그 무정하고 냉혹한 반전에 섬뜩한 마음이 든다. 말벌처럼 노골적으로 대가를 기대하지는 않더라도, 돌아보면 인간 사회라고 해서 부모 자식 간에 외사랑만 있겠는가.

좀말벌이 집의 외벽을 둥글게 만들고 있다.

어린 시절 대청마루에 누워 서늘한 낮잠을 즐겨본 이라면 산이나 바다를 찾아 떠나는 피서가 참으로 부질없는 줄을 잘 안다. 그늘진 나무 아래서 시원한 바람에 땀을 날려 보내는 일은 얼마나 상쾌한가! 그 신선놀음이, 아이의 머리맡을 지키고 앉아 땀을 닦아주며 부채질을 멈추지 않았던 어머니의 덕이었음을 안 것은 나이를 좀 더 먹은 뒤였지만 말이다.

날갯짓으로 집 온도를 낮춘다

우리가 한여름 푹푹 찌는 더위에 숨을 헐떡거리며 힘들어할 때 곤충들도 비슷한 고통을 겪는다. 더위를 피해 나뭇잎 밑으로 숨어들기도 하고 물가에 몰려 수분을 섭취하기도 한다. 많은 종류의 곤충들은 아예 활동을 멈추고 여름잠을 잔다.

말벌은 나무의 목질껍질 밑에 있는 단단한 부분을 입으로 갉아 펄프로 집을 짓는데, 구조가 뛰어나고 통기성이 좋아 온도 조절이 자연

말벌들은 나무의 목질부를 물어뜯어와 집을 만든다.

스럽게 이루어진다. 그러나 한여름에는 내부 온도가 매우 높아서 밀폐된 공간에 있는 알이나 애벌레들은 견디기가 힘들다. 천적의 공격과 노출을 피해 안전한 곳을 찾아 집을 짓다 보니 비좁기 일쑤여서 생기는 낭패. 새끼들이 걱정스러운 말벌은 집 입구에 매달려 끊임없이 날갯짓하며 바깥의 공기를 안으로 불어넣는다. 신선한 공기로 온도를 낮추고 새끼들이 맑은 공기를 마실 수 있게 하기 위해서다.

무척 더운 여름날, 계곡물에 발을 담근 채 숨을 몰아쉬다가 끊임없는 날갯짓으로 바람을 불어넣고 있는 말벌을 보았다. 무더운 낮 동안 교대로 집 입구에 매달려 바람을 불어넣다가 저녁 무렵 기온이 조금 떨어지자 날갯짓을 멈춘다. 지켜보는 것조차 지칠 정도로 긴 시간에 걸친 힘겨운 노력이 가상했다.

모든 것을 배려하는 사랑

지극하고도 애틋한 모성애로 생각되는 말벌의 이런 행동은 여기서 끝나지 않는다. 말벌은 층층 구조로 집을 짓다가 완성되기 전 알을 낳고 그 외벽을 펄프로 둥글게 감싸 나간다. 그래서 안쪽은 여러 층의 구조로 되어 있지만 밖에서 보면 둥글거나 호리병 모양이다.

1 말벌 집 내부는 아래를 향한 층층 구조로 되어 있다. **2** 목질부를 침과 버무려 씹은 뒤 이어 붙여가며 집을 만든다.

말벌들이 입으로 힘겹게 물어뜯은 목질을 침에 잘 버무려 정성껏 이어붙이는 과정에서 프로폴리스propolis라는 물질이 만들어진다. 프로폴리스란 '앞, 방어를 위해'라는 뜻의 접두어 'pro'와 '도시국가'를 뜻하는 'polis'의 합성어로, 외부 공격으로부터 벌집을 보호한다는 뜻이다. 말벌은 이 성분을 여왕벌의 거처와 입구 주위에 집중적으로 발라 어떤 세균도 침입하지 못하게 해서 알이 '무균 상태'의 안전한 곳에서 부화하고, 애벌레들이 바이러스 감염이나 적의 침입으로부터 자유롭게 한다.

어미 벌의 수고는 여기서 그치지 않는다. 말벌은 꽃의 꿀이나 과즙, 나무 수액도 먹을 수 있지만, 육식을 하는 애벌레들을 위해 작은 동물을 사냥하거나 사체를 덮치는 등 포악한 사냥꾼이 되어야 한다.

잘 키운 새끼의 목을 조른다?

여기까지만 보면 말벌이 새끼를 위해 희생적인 삶을 사는 것 같지만 애벌레의 목을 졸라 자기에게 필요한 양분을 얻어내기도 한다는 사실은 자못 충격적이다. 사실 곤충이라는 족속은 부모 자식 간에도 냉정해서 자식한테 무작정 베풀고 희생하지만은 않는다. 어미벌이 정성껏 새끼를 돌보는 데는 그만한 대가를 바

전형적인 말벌 집. 둥근 외벽만 보인다. 외벽에는 입구인 작은 구멍이 있다.

라는 속셈이 숨어 있다.

　말벌은 애벌레에게 먹이를 주어 기르고 보호하면서 날카로운 턱으로 애벌레의 목을 졸라 자극한다. 이때 자극에 놀란 애벌레는 액체로 된 분비물을 토해내는데, 이것이 바로 사람의 모유보다 훨씬 영양가 높은 어미벌의 영양식이다. 어미벌은 이렇게 얻은 먹이를 실컷 먹고, 남은 것은 벌집 안에 보관해 두었다가 먹는다.

　고전 의학서 〈동의보감〉과 〈본초강목〉에서는 노봉방露蜂房이라 해서 말벌 집을 통째로 따다가 집과 함께 그 속의 애벌레를 잘게 썰거나 볶아 말려서 약으로 쓰면 암, 간경화, 폐의 이상에서 비롯된 간질이나 중풍, 천식 등에 효과가 탁월하다고 했다. 이러한 말벌 집의 효능도 프로폴리스 성분과 애벌레 몸에 함유된 높은 영양소 및 그 분비액 덕분일 것으로 짐작된다.

　종족을 번식시키고자 하는 행위야 동식물을 망라한 모든 생명체들의 기본적인 속성이겠지만, 자식을 통해 자기의 양식을 마련하는 말벌에게서 주기만 하는 부모의 사랑을 배우라는 것은 무리인 듯싶다. 돌아보면 인간 사회라고 해서 부모 자식 간의 관계가 한 방향으로 퍼주기만 하는 외사랑은 아닌 것이다. 부모를 기쁘게 해 주기 위해 끊임없이 애를 쓰는 어린아이들과,

1 왕바다리가 방에 들어있는 애벌레들을 돌보고 있다. **2** 계곡 제방 갈라진 틈 속에 집을 지은 말벌이 교대로 날갯짓하며 안으로 공기를 불어넣고 있다.

아이의 건강한 성장을 지켜보며 부모가 느끼는 정서적 행복감은 셈으로 따질 수 없는 부모들의 획득물이다. 한없이 희생적으로 보이면서도 자못 냉혹한 말벌의 육아는, 어린 생명을 키우는 데는 사랑과 보호뿐 아니라 사회적 자립을 위한 엄격한 훈련도 필수라고 강조하는 듯하다.

종이의 재료인 펄프로 짓는 집

말벌들이 집을 짓는 재료는 나무의 목질부로 여기에서 섬유질을 뽑아낸 것이 바로 펄프다. 말벌 집은 종에 따라 모양이 다르지만 내부는 층층 구조로 되어 있어 많은 수가 들어가 살 수 있고, 둥글게 감싸 놓은 종이 벽은 통풍이 잘 되어 내부 온습도를 적절히 유지한다.

벽을 만들지 않는 쌍살벌

쌍살벌도 말벌의 한 무리다. 말벌은 층층 구조인 내부를 외벽으로 감싸지만 쌍살벌들은 방을 층층으로 만들지 않고 외부를 둥그렇게 감싸지도 않는다. 방을 하나 만들면 거기에 알을 하나씩 낳으며 집을 늘려간다.

**모시나비가
순결하다고?**

곤충의
강요된 사랑

예부터 정절의 상징으로 여겼던 모시나비의 순결은 강요된 것이다.
애호랑나비 암컷도 수컷에 의해 원치 않는 순결을 강요당한다.
집게벌레와 물자라의 부성애란 사실 자기 자식을 더 많이 남기기
위한 이기적인 행동일 뿐이다. 그러니 이들에 대한 사람들의 예찬은
오해 또는 거짓이다. 인간의 행동과 사회적 규범에서도 강요의
폐단이 곧잘 드러난다. 강요는 참여가 아닌 부당한 압력으로
구속하려는 치졸하고 원시적인 통제 방법이다.

수컷이 다가와 짝짓기를 시
도하지만 수태낭 때문에 짝
짓기할 수 없다.

날개가 희고 투명해서 예로부터 순결함과 정절의 상징으로 여겼던 모시나비는 남성 중심의 사회가 만들어낸 이기주의의 희생물에 가깝다. 모시나비 수컷은 자신과 짝짓기한 암컷이 다른 수컷과 짝짓기하지 못하도록 암컷 배 끝에 수태낭이라는 것을 만드는데, 이것이 마치 십자군이 원정을 떠날 때 아내들에게 채웠다는 정조대와 비슷하다.

모시나비와 애호랑나비의 수태낭

나비는 암컷이 날개 무늬와 색깔, 배 끝에서 발산하는 페로몬 등으로 수컷을 유혹하고, 다가온 수컷은 날개에 있는 발향린發香鱗이라는 인편鱗片, 나비 날개에 기왓장처럼 촘촘히 박힌 비늘에서 냄새 물질을 뿜어 암컷을 사로잡는다. 모시나비도 암컷이 발산하는 페로몬에 수컷이 이끌려오고, 수컷은 냄새 물질로 암컷을 흥분시키며 짝짓기한다. 애호랑나비 수컷은 암컷보다 먼저 번데기에서 나

1 애호랑나비 수컷도 짝짓기한 암컷 배 끝에 수태낭을 만든다. **2** 애호랑나비의 수태낭은 모시나비의 그것과 생김새가 다르지만 다른 수컷의 생식기가 닿는 것을 막는다는 점은 같다.

와 암컷을 기다리다가 뒤늦게 나오는 암컷을 보자마자 짝짓기를 시도한다. 모시나비와 애호랑나비 수컷은 짝짓기가 끝나면 짝짓기 때 나온 분비물을 암컷 배 끝에 있는 털에 엉겨 붙게 해 수태낭을 매달아둔다. 딱딱하게 굳은 수태낭으로 생식기가 막힌 암컷은 더 좋은 유전자를 찾기 위해 여러 수컷을 만나려는 본성을 포기해야만 한다.

집게벌레와 물자라의 이기적인 부성애

집게벌레 암컷은 알을 낳고 돌보다가 새끼들이 깨어나면 자신의 몸을 새끼들의 먹이로 내어준다. 어미는 늦가을에 낳은 알에서 깨어난 새끼들이 겨울을 나며 겪을 먹이 부족 문제를 해결하기 위해 자신을 희생한다. 수컷도 자신을 희생해 새끼의 영양분이 된다. 짝짓기가 끝난 수컷은 알을 낳기 위해 영양분이 필요한 암컷의 먹이가 되기 때문이다. 하지만 수컷의 희생은 자발적인 행동이 아니라 암컷에게 강제로 잡아먹히는 것이라서 진정한 부성애로 볼 수 없다.

물자라 수컷은 암컷을 놓아주지 않고 여러 번 짝짓기하며, 그 때마다 암컷은 수컷의 등에 10여 개의 알을 가지런히 낳아 붙인다. 수컷은 자신의 등에 알들이 빼곡히 들어차면 이때부

1 집게벌레 애벌레들 곁에 죽은 부모의 잔해가 널려 있다. **2** 돌 밑에 숨어 있는 큰집게벌레들

터 알에 바람도 쐬어주고 햇볕도 쬐어주며 정성껏 돌본다. 하지만 이런 행동을 보고 수컷이 부성애가 강하다거나 암컷이 할 일을 대신하는 애처가라고 말하는 것은 무리다. 이는 수컷이 자신의 후손을 확실히 남기기 위해 암컷에게서 다른 수컷을 만날 기회뿐 아니라 새끼를 돌볼 기회까지도 빼앗는 일이기 때문이다.

수컷에 의해 생식기를 폐쇄당하는 모시나비와 애호랑나비 암컷, 암컷에게 희생당하는 집게벌레 수컷, 수컷의 이기심과 집착 때문에 기회를 빼앗기고 새끼를 돌보지 못하는 물자라 암컷에서 보는 곤충의 다양한 짝짓기 특성은 종을 보존하기 위한 전략이자 효과적인 진화의 결과지, 사실 인간 눈으로 시시비비를 가릴 일은 아니다. 하지만 '강요'가 부당한 압력으로 구속하려는 가장 치졸하고 원시적인 방법이라는 점만큼은 짚고 넘어갔으면 한다. 인간의 행동과 사회 시스템에서도 강요의 폐단이 곧잘 드러나는데, 사랑에 있어서야 오죽할까?

물자라 수컷은 바람을 불어넣고 햇볕을 쐬어주는 등 알을 정성껏 돌본다.

뒤집어 보기/그들에 대한 오해

날개로
동족과 이성을
알아보는 나비

나비의 짝짓기에는 날개에 있는 인편이 큰 역할을 한다. 인편이란 나비 날개에 촘촘히 붙어 있는 비늘 같은 것으로, 날개의 무늬와 색상을 결정하고 기왓장처럼 질서정연하게 배열되어 비에 젖는 일도 막아준다. 또한 나비들은 날개의 인편에 반사된 빛의 파장을 이용해 동족을 구분하고 암수를 식별하기도 한다.

수태낭을
만드는
나비들

우리나라에 사는 나비 중 수태낭을 만드는 것은 호랑나비과의 모시나비속 나비들과 애호랑나비뿐이다. 모시나비속의 나비는 원시적인 형질의 생식기를 갖추고 몸에 털도 많은 원시형 나비로, 5만여 년 전 빙하기를 피해 네팔의 산악지대를 거쳐 한반도까지 흘러들어왔다. 우리나라에서는 모시나비, 붉은점모시나비가 살고, 북한 지역을 포함하면 황모시나비, 왕붉은점모시나비까지 모두 네 종이 산다. 날개에 붉은 점이 있는 붉은점모시나비는 환경부 지정 멸종위기종으로 종과 서식지가 보호되고 있고, 북한에서도 황모시나비를 천연기념물로 지정 보호한다.

애호랑나비는 진달래꽃이 피기 시작하는 4월 초순경 나타나 5월 초순까지 1년에 한 번 발생한다. 전국적으로 발견되고, 출현 시기가 남쪽에서 시작해 북상하는 진달래의 개화 시기와 맞아떨어지므로 진달래꽃을 따라 찾아다니면 만날 수 있다.

수태낭이 달린 모시나비 암컷은 다른 수컷을 만날 수 없다.

뒤집어 보기/그들에 대한 오해

**혼돈 속에서
가려낼 진실**

불빛에 길을 잃은
나방

처마 밑 불빛에 달려들어 제 몸을 사르는 나방들을 보고 "나방은
불빛을 좋아해."라고 말한다면 조금 틀렸다. 오랜 세월 달빛을
기준 삼아 항로를 결정해 온 나방들은 사람이 만들어 놓은 불빛에
잠시 길을 잃었을 뿐이다. 수많은 불빛들 속에서 태초의 기억에
아로새겨진 유일한 빛 하나를 찾아야 하는 나방의 신세는 지금
우리의 모습과도 닮았다. 수많은 정보, 다양한 주장, 현란한 유혹이
난무하는 속에서 우리는 진실을 찾아야 한다.

가로등 주위에 모여든 불나
방들. 불빛 주위를 맴돌다
가 결국 불로 뛰어든다.

한밤중 38번 국도를 따라 충북 제천시에서 강원도 영월군으로 들어가는 길에서는 불을 훤히 밝힌 주유소를 간간이 볼 수 있다. 깜깜한 산길에서 강한 불빛을 발산하는 주유소에는 곤충들이 구름처럼 모여든다. 그 중에서도 압권은 역시 불빛 주변을 맴돌며 벌레 기둥을 만드는 나방이다. 주유소 직원들이 입으로 들어오는 나방 때문에 마스크를 쓰고 일하는 모습도 볼 수 있다. 나방들은 왜 불빛을 보면 맹목적으로 달려드는 것일까? 불빛 주위를 어지럽게 맴돌다가 과감히 몸을 던지는 이유는 뭘까?

불빛을 좇는 나방

사무실에 놓아둔 마삭줄이 창문을 향해 줄기를 뻗어나간다. 빛의 자극을 쫓는 주광성走光性을 띠고 있어서다. 주성走性, taxis은 동식물이 특정한 자극에 의해 무의식적으로 일으키는 행동을 말한다. 열, 공기, 접촉, 빛 등 여러 종류의 자극에 반응하며, 그

1 물에 비친 달과 나방. 인공 불빛이 많은 도심에서 달빛은 더 이상 나방을 안내하지 못한다. **2** 불빛이 많아진 요즘 나방들은 혼돈의 밤을 맞는다.

중 빛에 반응하는 주성을 주광성이라고 한다. 동해의 오징어잡이 배들이 어두운 밤바다를 환히 밝히며 오징어들을 꾀고 있는 장관도 주광성을 이용한 고기잡이다. 나방도 본능적으로 불빛을 향해 날아간다.

번데기에서 벗어나 날갯짓을 시작한 나방들은 태어난 곳 주변에서의 근친교배를 피하기 위해 멀리 떠난다. 이때 나방은 본능적으로 나무 숲 사이로 비치는 희미한 하늘빛을 향해 날아간다. 높이 올라갈수록 멀리 떠날 수 있기 때문에 가능한 한 높이 날아오른다.

나방이 불빛에 모이는 이유는 이런 최초의 행동과 관련 있다. 밤하늘을 나는 나방은 달빛을 기준 삼아 항로를 결정한다. 나방은 달과 자신의 위치를 기준으로 약 90도 각을 이루며 비행하려 한다. 달은 늘 나방의 오른편이나 왼편의 수직선상에 있다. 우리가 밤길을 걸을 때 달이 늘 따라오며 같은 위치에 있는 듯 느끼는 것처럼, 드넓은 하늘에서 달과 90도를 이루며 나는 나방의 항로는 수평에 가깝다. 그래서 나방은 똑바로 날 수 있다.

그런데 인공 불빛들은 달과 비교도 안 될 만큼 거리가 가까워 나방이 날 때 그 불빛과의 각도가 90도를 벗어나는 일이 잦

1 네온사인 불빛에 날아온 옥색긴꼬리산누에나방. 달빛을 쫓아 길을 나선 나방들은 도심의 불빛에 길을 잃는다. **2** 나방 수컷 더듬이가 빗살 모양인 종이 많다. 암컷이 퍼트리는 페로몬을 놓치지 않기 위해 체면적을 넓게 한 것이다.

아진다. 분명 불빛과 자신의 위치를 기준으로 90도 방향을 정했지만 조금만 날아가도 각도를 벗어나 버린다. 나방은 자신이 나는 방향과 직각인 선상에 불빛을 놓으려고 계속해서 항로를 수정한다. 이 때문에 달팽이 껍데기의 소용돌이처럼 중앙을 향해 맴돌게 되고, 결국 불빛에 닿아 타죽게 된다.

혼돈 속에서 찾아야 할 방향

나방은 짝을 만나기 위해 본능적으로 달빛을 찾아 항로의 기준으로 삼지만 현란한 인공 불빛들 때문에 달빛이 제 역할을 못한다. 결국 나방들은 짝을 찾기 위해 날아오른 하늘에서 도심의 불빛에 홀려 길을 잃는다.

 '찌지직…' 불나방이 몸을 던져 제 몸을 불사른다. 벌레들을 잡기 위해 고안한 살충등에 방향감각을 잃고 뛰어든 것이다. '찌지직, 찌직' 무모한 자폭은 끝없이 이어진다. '진정 자유로워지려면 죽음으로 뛰어들라' 했던가? 타고난 본성에 충실해 불속으로 달려든 이들은 혼돈의 밤으로부터 벗어나 진정 자유로워지는지도 모르겠다. 혼돈의 세상에 태어난 나방들이 부디 천연의 달빛만이 잔잔히 펼쳐지는 원시림에서 축복 받은 삶으로 다시 태어나길 바란다.

푸른저녁나방이 짝을 만났다.

세상은 온갖 정보와 비전, 주장을 늘어놓는다. 나방들을 혼란에 빠트리는 불빛만큼이나 우리 사는 세상도 혼탁하다. 그래도 우리는 그 중에서 진실을 가려내야 한다. 나방이 자신을 죽음으로 몰고 가는 불빛과 제짝을 찾도록 안내하는 달빛을 구별하지 못하는 것처럼, 사람도 매순간 진실을 가려내 그것을 좇아 살기가 쉽지 않다. 그러나 힘들어도 노력을 멈추지 말아야 할 이유가 분명히 있다. 잘못된 선택의 결과는 때로 참담하기 때문이다.

밤에
동료와
소통하는 법

나비와 달리 나방은 밤에 많이 활동한다. 한낮에 비해 적을 마주칠 일이 적기 때문에 자신을 보호하는 방법으로 밤을 선택했다. 밤에 활동하는 나방은 시각이 퇴화된 대신 냄새를 맡는 후각이 발달했다. 나방과 나비의 더듬이를 보면 그 차이를 쉽게 알 수 있다. 시각으로 사물을 구분하는 나비의 더듬이가 곤봉 모양으로 단순하다면, 나방 수컷의 더듬이는 안테나처럼 복잡한 빗살 모양을 하고 있다. 체면적을 넓혀 암컷이 분출하는 페르몬을 잘 포착하려는 것이다.

시골 펜션의 보안등에 날아온 나방들. 시골도 더 이상 안전하지 않다.

존재의 가치,
개체의 저력

'물여우나비'라 불렸던 날도래

날도래 애벌레들은 물에 떨어진 나뭇조각이나 모래알을 모아 집을
만들고 그 속에 숨어서 지낸다. 애벌레 집이 붙어 있는 돌멩이를
들어 자세히 들여다보기 전에는 알아채기 어렵다. 이런 날도래 집에
물이 통과하면서 유기물이 걸러져 물이 맑아진다. 개체수가
계곡 바닥을 메울 만큼 많기에 가능한 일이다. 미약하고 영향력
없어 보이지만 본분에 충실한 개개인이 사회를 건강하게 한다. 작고
힘없는 날도래 애벌레가 대자연의 젖줄인 계곡을 맑게 하는 것처럼.

나뭇잎만으로 집을 만드는
날도래 종류도 있다.

뒤집어 보기/그들에 대한 오해

여행의 참맛을 알기 이전, 그저 낯선 곳에 대한 동경만으로 여행길에 오르던 나를 늘 당황하게 한 것이 있다. 여행에서 돌아왔을 때 내가 자리를 비웠던 티가 하나도 나지 않더라는 사실이다. 함께 어울려 생활할 때는 사회에서의 내 역할과 필요성이 큰 줄만 알았는데, 정작 나의 부재가 별 영향을 끼치지 않는다는 확인은 내 존재 가치에 관한 심각한 의구심으로까지 번지곤 했다.

수많은 생물 중 한 개체가 지구에서 사라지는 일은 그다지 중요하지 않을지 모른다. 자연의 일부, 생물종 가운데 하나인 인간도 예외는 아니다. 서글픈 일이지만 인정할 수밖에 없는 사실임을 알게 된 뒤 여행 초보자 시절의 당혹스러움을 더 이상 겪지 않게 되었다. 하지만 존재를 과시하지 않으면서도 꿋꿋하게 제 역할을 수행하며 맑은 물을 만드는 날도래를 보면 개체의 존재 가치와 저력을 다시금 생각하게 된다.

1 모래로 튜브 모양 집을 만들고 그 속에 들어가 지내는 날도래. 다리가 있는 가슴까지만 몸을 내밀어 집을 끌고 다닌다. **2** 모래와 작은 식물 조각들로 집을 만들기도 한다.

1
2

'르르르…' 흐르는 계곡

지난여름, 여느 때처럼 아침 햇살을 즐기며 계곡으로 향하던 날이다. 음악을 들어 볼까 하고 라디오를 켜니, 한 유치원 선생님이 아이들과 자연학습 갔던 일을 이야기한다. 아이들에게 계곡 물소리를 들리는 대로 표현해 보라 했더니, 한 아이가 '르르르…'이라고 썼다며 아이들의 표현력이 대단하다고 감탄했다.

계곡 입구에 도착해 차를 세우고 계곡을 따라 올라갔다. 높아진 해가 내뿜는 열기로 송골송골 맺혔던 땀은 이내 등줄기를 따라 흘러내리고, 폐부 깊숙이 더운 열기를 몰아간 숨은 시원스레 내뱉어지지 않았다. 발걸음을 더 이상 옮기지 못하겠다 싶어서 물가 너른 바위에 앉아 숨을 돌리려는데, 문득 아침 방송이 생각났다. 가만히 물소리에 귀를 기울여 보니, 하! 영락없이 '르르르르…'이다. 아이들의 감각적이고 직설적인 표현에 놀라면서, 학습으로 굳은 머리로 '졸졸졸'이란 표현밖에 생각해 내지 못했던 내가 한심하게 여겨졌다.

'르르르르…' 흐르는 물소리를 듣다가 계곡 바닥이 심상치 않음을 느꼈다. 아주 작고 길쭉하게 생긴 모래 덩어리들이 곳곳에서 꿈틀거렸다. 모양도 다양해서 모래 덩이로만 된 것도 있고, 나뭇잎 조각이나 줄기와 함께 버무려진 것도 있다. 대부

1 나뭇잎으로 만든 집 **2** 계곡 바닥에 날도래 집이 많다. 작지만 워낙 많아 제 역할을 충분히 할 수 있다.

분 원통형으로 길게 생긴 그것들을 한 줌 건져 올렸다. 머리와 앞다리를 내놓고 있던 애벌레가 잽싸게 원통 속으로 숨어 버린다. 띠무늬우묵날도래 애벌레였다.

모래와 나무를 엮어 만든 집들

애벌레 시절을 물속에서 지내는 날도래는 자기만의 독특한 집을 하나씩 갖고 있다. 입에서 섬유질을 뿜어내 모래나 나무를 뭉치고 그 속에 들어가 어린 시절을 보낸다. 이동할 때는 머리와 앞발만 내밀어 집을 끌고 다닌다. 큰 집을 끌고 다니는 모습이 힘겨워 보이지만, 이 집은 날도래 애벌레가 연약한 피부를 보호하고 물속의 유기물을 걸러먹는 데 쓰며, 물고기나 가재의 공격도 막는 중요한 역할을 한다.

날도래는 나비·나방과 친척으로 1억 년 전 나방에서 분화해 물속에 적응한 종이다. 옛날에는 날도래 애벌레를 '물여우'라고 불렀으며, 물속에 살던 물여우가 물 밖으로 나와 날개를 돋우고 어른벌레가 되면 '물여우나비'라고 불렀으니 우리 조상들도 날도래와 나비가 무관치 않음을 알고 있었던 것 같다. 날도래의 영어 이름도 워터 모스^{water-moth}로, 말 그대로 '물나방'이다.

날도래 애벌레의 집은 종마다 달라서 광택날도래과는 말안

1 집을 끌고 다니지 않고 돌 밑에 집을 붙여 만드는 종류도 있다. **2** 물속에서 나와 날개가 돋은 날도래 종류. 생태와 형태적으로 나비와 가까운 종이다.

장 형태, 애날도래과는 지갑 형태, 날도래과, 우묵날도래과, 바수염날도래과 등은 튜브 모양의 원통형이다. 각날도래과와 줄날도래과는 집 대신 그물을 만들어 걸려든 먹이를 먹고살기도 하고, 집을 짓지 않고 떠돌이 생활을 하는 종류도 있다. 튜브 모양의 날도래 집에는 앞뒤로 작은 구멍이 있어서 물이 흘러든다. 이끼가 끼지 않게 해서 내부를 깨끗하게 유지하고, 물속에 포함된 신선한 산소와 유기물을 얻기 위해서다. 작고 단순해 보이지만 기능성이 가미된 집이다.

날도래 집을 통과하며 물이 맑아진다

이처럼 날도래 애벌레들이 제 몸을 보호하기 위해 짓는 집은 물을 맑게 한다. 물이 원통형이나 그물형인 날도래 애벌레 집을 통과할 때 유기물이 걸러지기 때문이다. 그런데 작고 하찮아 보이는 날도래가 거대한 수량을 어찌 다 감당할까? 그것은 바로 바닥을 메울 만큼 개체수가 많기에 가능하다. 정작 날도래 애벌레들은 자신이 맑은 물을 만든다는 사실을 모를 것이다. 그저 먹이를 걸러먹고 몸을 보호하기 위해 집을 만드는, 지극히 개인적이고 본능적인 행동이니까.

 날도래 애벌레에서 보듯 자신의 삶에 충실한 개체가 하나둘 모여서 대역사를 이룬다. 투명한 물빛과 청량한 물소리가 나는 계곡에는 날도래 애벌레들이 살며, 깨끗하고 건강한 사회에는 자신의 본분에 충실한 개인이 있다.

날도래는 나비의 친척

나비 생김새의 가장 큰 특징은 넓은 날개에 털이 있다는 점이며, 생태적인 특징으로는 애벌레 시기에 입으로 실을 낸다는 점을 들 수 있다. 나비 애벌레들은 실을 내어 잎을 엮기도 하고 누에나방처럼 고치를 틀기도 한다. 번데기가 될 때도 실을 내어 자리를 잡고 몸을 고정시킨다. 날도래 애벌레도 입으로 실을 내어 모래나 나뭇가지 등을 엮어 집을 만든다.

종마다 집이 다르다

광택날도래과는 말안장 형태, 애날도래과는 지갑 형태, 날도래과, 우묵날도래과, 바수염날도래과 등은 원통형튜브 모양으로 만든다. 각날도래과와 줄날도래과는 집 대신 그물을 만들어 걸려든 먹이를 먹고, 집을 짓지 않고 떠돌이 생활을 하는 종류도 있다.

**보이는 것이
다가 아니다**

겨울에도
벌레가 있어요?

찬바람과 함께 자취를 감추는 곤충들. 그들은 모두 어디로
가는 것일까? 혹독하게 추운 겨울에도 생태계의 순환은
멈추지 않는다. 그저 삶의 한 기복이고 잠시 견디면 되는
시기다. 그래서 곤충들은 나름대로의 지혜를 발휘해 추위를
피하며 봄이 오기를 묵묵히 기다린다. 눈에 보이지
않으면 잘 믿지 않는 사람들만이 겨울은 곤충이 없는
계절이라고 생각할 뿐이다.

1 낙엽더미 속에서 겨울을 나고 있던 풀잠자리류. 낙엽 쌓인 곳에는 많은 곤충들이 숨어든다. **2** 나무껍질 밑에 옹기종기 모여 겨울을 나는 무당벌레들. 무당벌레들은 날씨가 추워지면 한곳으로 모이기 시작한다.

벌레만도 못하다고?

1
2

에피소드 1

속살을 드러낸 메마른 숲에서 벌목하고 남은 나무 밑둥치를 '텅~ 텅' 도끼로 쪼갠다. 그 속에 잠들어 있는 사슴벌레와 비단벌레 애벌레를 찾기 위해서다. 부서진 둥치에서 애벌레를 주워 담고 벌떡 일어서다가 산길을 따라 내려오던 등산객과 맞닥뜨렸다. "어, 어어…." 그는 당황한 듯했고 빠른 걸음으로 내려갔다. 그도 그럴 것이 한 손에는 도끼, 또 한 손에는 톱, 배낭과 카메라를 메고 두르고, 허리에는 물병이며 망치며 주렁주렁 매달고 있는 내 꼬락서니는 내가 봐도 수상했다.

산 아래로 방향을 잡고 내려가며 썩어가는 밑둥치 몇 개를 더 찾았다. 30여 분 후 우락부락한 아저씨 몇이 멀리서도 들릴 만큼 숨을 가쁘게 몰아쉬며 올라왔다. 동네 사람들인 듯했다. 아랑곳 않고 하던 일을 계속하던 내 앞에 얼마 후 그들이 떡 버티고 섰다. 무서운 표정, 신기한 표정, 다소 도전적인 표정….

1 짝지하늘소는 조릿대 빈 공간에서 추위를 견딘다.
2 흑백알락나비는 먹이식물인 팽나무 잎에 붙어 겨울을 난다.

그리고 헉헉거리며 뒤따라 온 조금 전의 그 등산객. 그들은 내 정체를 궁금해 했다. 이런 험악한 도구들이 겨울 곤충을 찾기 위한 것이라는 걸 설명하고, 마른 나무속에 숨어 있는 곤충을 하나하나 찾아 보여주고서야 그들이 피식 웃음을 띤다.

에피소드 2

경북 봉화군의 한 지방도. "실례합니다. 잠시 검문이 있겠습니다. 면허증을 제시해 주십시오." 경찰이 무전기로 주민등록번호를 조회한다. 별 문제 없는 신분이라는 것만 확인되면 보통은 "협조해 주셔서 감사합니다." 하고 보내 준다. 나는 오늘도 제발 그리 되기를 마음속으로 빌고 있다.

하지만 올 것이 오고야 말았다. "뒤쪽 트렁크 좀 열어주십시오." 근방에서 무슨 사건이 있었나 보다. 머뭇거리다가 하는 수 없이 트렁크 열림 버튼을 눌렀다. 망설이는 표정을 읽은 경찰은 이상한 눈초리로 나를 쳐다본다. "잠시 내려 주시겠습니까?" 경찰이 트렁크 쪽으로 나를 부른다. 아! 이제부터 온갖 증거를 대며 트렁크 안의 물건들을 설명해야 한다.

경찰이 처음 꺼내든 것은 도끼다. 이어서 톱, 삽과 랜턴, 드라이버와 호미, 너저분한 쌀자루와 애벌레 채집통까지…. 막막하

왕사슴벌레 애벌레와 어른벌레. 사슴벌레들은 나무속에서 봄을 기다린다.

다. 경찰도 어이없어한다. 이어 다른 경찰들이 몰려오고 무슨 강력범이라도 잡은 듯 분위기가 싸늘해진다.

"저, 이건 곤충을 관찰하기 위한 도구들입니다." 그들의 눈에 비친 '살벌한 흉기'가 겨울잠을 자는 곤충들을 채집하기 위한 도구라는 것, 내가 곤충의 생태를 관찰하고 기록하는 일을 하는 사람이라는 것을 열심히 설명하고, 신분을 증명해 줄 몇몇 사람들과 직접 전화까지 연결해 준 후에야 겨우 난처한 상황을 모면했다. 의심을 푼 경찰들은 어이없다는 듯 웃기도 하고 "겨울에도 벌레가 있어요?" 하면서 신기해한다.

에피소드 3

야산에서 사진을 찍고 있는 내게 지나가던 등산객이 무엇을 찍느냐고 묻는다. 잠자리를 찍는다고 하니, 겨울에도 잠자리가 있냐며 믿을 수 없다는 표정을 짓는다. 내가 카메라로 겨누고 있는 나뭇가지를 뚫어져라 쳐다보던 그가 더 이상 참지 못하고 한마디 한다. "대체 어디 있다는 거요?" 나는 마지못해 깊은 겨울잠에 빠진 가는실잠자리를 깨웠다. "우와, 신기하네. 나뭇가지인 줄 알았더니 잠자리였네?" 신이 난 등산객은 앞에 가던 일행들을 모두 불러 모은다. "이리 와 봐. 여기 잠자리가 있

1 나무껍질 밑에서 추위를 견디는 좀말벌. 홀로 겨울을 나는 벌은 여왕벌이다.

2 가는실잠자리는 나뭇가지에 붙어 어른벌레로 겨울을 난다.

어!" "에이, 헛소리하지 말고 어여 내려와."

겨울에도 살아 있는 곤충

겨울. 돌 밑에는 땅노린재들과 먼지벌레, 거저리들이 추위를 피해 숨어 있고, 딱정벌레들은 땅속 깊이 굴을 파고 들어가 봄을 기다린다. 농경지에 버려진 거적때기나 온실의 단열재들도 곤충들이 추위를 피하기에 좋은 곳이어서 떼로 모여 겨울잠을 자는 무당벌레들을 흔히 볼 수 있다. 메뚜기나 귀뚜라미, 여치는 알로 겨울을 나고, 꽃무지나 장수풍뎅이 등은 부엽토 속에서 애벌레로 겨울을 난다.

나무속은 곤충들이 겨울을 나기에 가장 좋은 곳이다. 파들어가기가 땅보다 어렵지 않고 방풍과 보온도 잘 되기 때문이다. 나무속에는 사슴벌레나 비단벌레, 하늘소 애벌레가 보금자리를 틀고, 홀로 겨울을 나는 여왕개미와 여왕벌도 있다. 나무에 구멍을 뚫을 만큼 턱이 강하지 못한 곤충들은 나무껍질 밑으로 모여든다. 나무껍질을 살짝 벗겨보면 노린재를 비롯해 무당벌레, 나방 애벌레, 벌, 잎벌레, 방아벌레 등 무수한 곤충들이 숨어 있다.

맨몸으로 추위에 맞서는 곤충도 있다. 네발나비는 풀에 매달

연못 속에서 건져 올린 잠자리 애벌레들. 묵은실잠자리와 가는실잠자리 외의 잠자리들은 물속에서 애벌레로 겨울을 난다.

린 채 매서운 겨울바람을 맞고, 암고운부전나비의 알은 복숭아 나무 가지에 달라붙어서, 뿔나비는 낙엽 위나 마른 풀잎에 달라붙어 봄을 기다린다. 호랑나비, 청띠제비나비, 애호랑나비, 배추흰나비, 갈구리나비 등은 번데기가 된 채 나뭇가지에 매달려 있다.

그런데도 사람들은 곤충들이 겨울에는 모두 사라진다고 생각한다. 봄에 나타나는 곤충들이 외계에서 날아오기라도 한단 말인가? 곤충들은 어떤 형태로든 겨울을 이기고 봄을 맞는다. 눈에 보이지 않으면 잘 믿지 않는 사람들만이 '겨울은 곤충이 사라지는 계절'이라고 생각할 뿐이다.

어른벌레로 겨울을 난 뿔나비. 헤진 날개는 찬바람과 싸워 온 흔적이다.

에필로그

곤충과
함께
사라져 가는
가치

　자연과의 교감은 인간 또한 그 일부로서 자연의 넉넉한 품에 안긴 모든 동식물과 더불어 사는 이웃임을 일깨운다. 늘 가까이 있어 잊고 지내지만 사랑하는 부모님이나 고마운 공기처럼, 자연은 묵묵히 곁을 지키며 우리 마음과 삶을 살찌우는 벗이다. 인간의 편리를 위해 고려 대상에조차 오르지 않는 생물들이 정말로 이 세상에서 사라져 버린다면 우리 삶은 행복해질까?

내가 곤충에 관심을 갖게 된 것은 그들의 다양성과 경이로움에 흠뻑 빠져들어서이지만, 근원적으로는 그들을 늘 우리 곁에 함께했던 친근한 존재로 받아들였기 때문이다. 송장헤엄치게를 보면서 배영을 배웠고 개미의 사회성을 보며 서로 돕는 아름다움을 알았다. 밤하늘을 수놓는 반딧불이를 보며 동심을 살찌웠고 메뚜기를 쫓아 들판을 뛰어다녔다. 소나기 같은 매미 울음소리를 들으며 시원한 낮잠을 즐겼고 가을밤 귀뚜라미 소리에 그리움을 키우기도 했다. 그뿐이랴. 곤충은 인간 생활에 필요한 의식주와 약재가 되고, 생태계의 순환고리이자 토양을 비옥하게 하며 물을 정화하는 등 정서적으로나 실질적으로 우리에게 큰 영향을 미친다.

예전에 10년 동안 경기도 안산시에서 출발해 시흥시와 안양시 사이의 박달재를 넘어 광명시로 들어선 뒤 어렵게 서울에 입성해 여의도까지 기행 같은 출퇴근을 한 적이 있다. 도시에서 가까우면서도 자연이 잘 보전된 수리산 서쪽 자락을 간간이 찾아 숨통을 트다가 아예 그곳에 살러 간 것이다. 뒷산으로 5분만 걸어 올라가면 아름다운 큰주홍부전나비가 살고, 밤하늘에 불빛으로 그림을 그리는 늦반딧불이도 많았다. 그랬던 수리산에 터널

이 여러 개 뚫리고 다리가 세워지며 서울 외곽을 잇는 외곽순환도로와 목포까지 내달리는 서해안고속도로가 시원스레 놓였다. 그 덕분에 출퇴근 시간이 1시간이나 줄었지만 큰주홍부전나비와 반딧불이는 사라졌다. 나는 편해진 생활보다 소중한 곤충들을 가까이에서 볼 수 있었던 이전의 생활이 더 좋았다.

이제는 쉽게 볼 수 없는 생물들을 만나러 먼 걸음을 한다. 한번은 충남 태안, 전라도 변산, 해남, 보성, 완도, 보길도에 이르는 탐사여행을 했고, 그 다음 주에는 충북 제천에서부터 강원도 삼척과 정선, 평창을 돌아보았다. 늘 곁에 있던 생물들을 멀리까지 가서야 볼 수 있게 된 것이 안타깝지만 그래도 정겨운 시골마을들을 지나며 아름다운 자연과 사람들을 만나는 일은 즐거웠다.

그러나 이제 그조차 훼방꾼이 너무 많다. 고불고불한 고갯길을 돌며 사람 사는 풍경을 구경할 수 있었던 지방 국도들이 하나 둘 고속도로처럼 바뀌고 있다. 자연과 사람의 향기를 느끼며 장거리 운전의 피로함도 잊을 수 있었던 여정은, 이제 차단막에 갇힌 아스팔트 위에서 속도에만 집중한 채 페달을 꾹 밟고 달리는 삭막한 풍경으로 바뀌고 있다. 어딜 가나 똑같은 길, 규격화된 표지판이 기다리는 매끈한 국도는 건조하기 그지없다.

사람이 추구해야 하는 것이 어디 경제적 이득과 편리뿐이겠는가. 벗과 더불어 살고 그들과 뭉클하게 교감할 때 삶은 더욱 충만해지는 것이다. 벗의 존재와 가치를 잃지 않기 위해서라면 조금의 불편함은 참을 줄도 알아야 한다.

나는 오늘도 사람들에 의해 짓밟혔을지 모를 나의 벗들을 걱정한다. 그리고 더불어 살기 위한 불편을 가치 있게 바라보는 근사한 세상을 꿈꾼다.